国家林业和草原局重点课题研究成果

黄河流域林草植被承载力研究

张守攻 卢 琦 等 著

科学出版社

北 京

内 容 简 介

本书共分 10 章，分别是引言、黄河流域自然生态条件、黄河流域综合生态状况、基于自然的林草植被承载力理论依据和实验实证、基于自然的林草植被资源优化配置方案，以及黄河流域典型山区、水域、沙区、盐碱与砒砂岩区生态修复治理及黄河流域生态保护与修复建议。第 1 章引言阐述了本研究的背景、目标与思路，以及研究内容；第 2 章在详细介绍了黄河流域地形地貌、气候特点、水资源、土地资源、林草资源等基础上，明确了生态地理分区和治理区划；第 3 章对黄河流域森林、草原、湿地、荒漠生态系统的现状及变化趋势进行了综合评估，并科学评估了森林、草原、湿地、荒漠生态系统的承载力及潜力；第 4 章侧重于理论分析，详细阐述了植被承载力的定义与特点，提出以油松、刺槐、樟子松等人工林验证了生态系统蒸散量和水分承载力估算模型；第 5 章全面阐述了黄河流域综合植被可利用降水的时空分布特征，并提出了适水性植被优化配置方案；第 6～9 章着重说明了黄河流域系统治理的成功经验；第 10 章主要从政策和重大国家工程两个层面提出建议，从而为黄河流域生态保护与修复提供参考。

本书适合政府管理人员、政策咨询工作者，以及广大生态学、环境学及相关专业的科研从业者和关心中国生态文明建设与黄河流域高质量发展的人士阅读。

审图号：GS 京（2024）1338 号

图书在版编目(CIP)数据

黄河流域林草植被承载力研究 / 张守攻等著. -- 北京：科学出版社，
2025.2. -- ISBN 978-7-03-079641-7

Ⅰ. Q948.15

中国国家版本馆 CIP 数据核字第 2024P1X652 号

责任编辑：马　俊　闫小敏 / 责任校对：郑金红
责任印制：肖　兴 / 封面设计：无极书装

科学出版社 出版

北京东黄城根北街 16 号
邮政编码：100717
http://www.sciencep.com

北京建宏印刷有限公司印刷

科学出版社发行　各地新华书店经销

*

2025 年 2 月第　一　版　　　开本：787×1092　1/16
2025 年 2 月第一次印刷　　　印张：13 3/4
字数：377 000

定价：168.00 元

（如有印装质量问题，我社负责调换）

黄河流域林草植被承载力研究
编写委员会

顾 问

主 任

康绍忠

副主任

张新友　赵春江　刘世荣

委 员

（以姓氏笔画为序）

王登举　李俊清　孟 平　徐 斌　崔丽娟

主 任

张守攻

副主任

卢 琦　王军辉

编写委员

（以姓氏笔画为序）

王 锋	王计平	王军辉	王迎新	王贺年	孔维远
卢 琦	包英爽	冯益明	刘贤德	刘思敏	闫 峰
却晓娥	李 伟	李晓松	李晓雅	李清雪	杨秀艳
肖春蕾	张 晓	张方敏	张守攻	张劲松	张金鑫
张炜银	张晋宁	张曼胤	张景波	武海雯	庞 勇
赵欣胜	胡 盼	贾晓红	党宏忠	钱永强	徐 磊
高君亮	曹晓明	崔正南	崔桂鹏	褚建民	蔡依霏
翟夏杰	熊 伟				

统 稿

（以姓氏笔画为序）

包英爽　却晓娥　张 晓　胡 盼　崔桂鹏

前　　言

　　黄河发源于青藏高原巴颜喀拉山北麓，呈"几"形流经青海、四川、甘肃、宁夏、内蒙古、山西、陕西、河南、山东9个省级行政区。黄河流域西接昆仑、北抵阴山、南倚秦岭、东临渤海，横跨东中西部，是我国重要的生态安全屏障，也是人口活动和经济发展的重要区域，在国家发展大局和社会主义现代化建设全局中具有举足轻重的战略地位。

　　党的十八大以来，党中央将黄河流域生态保护和高质量发展作为事关中华民族伟大复兴的千秋大计。2019年9月18日，习近平总书记在黄河流域生态保护和高质量发展座谈会上发表重要讲话，将黄河流域生态保护和高质量发展上升为重大国家战略。2020年1月，习近平总书记主持召开中央财经委员会第六次会议并发表重要讲话，强调黄河流域生态保护和高质量发展要高度重视解决突出重大问题，实施生态保护修复和污染治理工程，全面实施深度节水控水行动，推进水资源节约集约利用。2021年10月，习近平总书记在山东主持召开深入推动黄河流域生态保护和高质量发展座谈会，要求沿黄河开发建设必须守住生态保护这条红线，必须严守资源特别是水资源开发利用上限，用强有力的约束提高发展质量效益。

　　然而长期以来，黄河流域面临的自然生态脆弱、水环境污染、草地退化、盐渍化加剧等挑战愈来愈严峻，深入谋划和全面实施流域生态保护修复迫在眉睫。在此背景下，国家林业和草原局及时部署与推动了"黄河流域林草植被承载力研究"重点课题，组建了由张守攻院士牵头，中国林业科学研究院林业研究所、生态保护与修复研究所、森林生态环境与自然保护研究所等10余个团队的60多位专家参与的研究队伍，围绕"保护维持林草湿荒四大基准系，治理盐冻风水四大顽疾"研究主线，聚焦黄河流域森林、草原、湿地、荒漠生态系统，针对黄河上中下游冻融荒漠化、风蚀荒漠化、水蚀荒漠化和盐渍荒漠化四大灾害，充分考虑区域水土资源特点和空间分布格局，基于地表降水量及其地表再分配量，模拟黄河流域基于水资源约束的林草植被理论与实际分布格局，开展水资源承载力与林草资源优化配置研究，多项研究成果为黄河流域的科学绿化与生态保护提供了理论及技术支撑,在此简述其中几项与大家分享。

一是,依据自然生态条件,将黄河流域的特征概括为:干旱缺水,植被不足,侵蚀严重,危及区域发展;以郑度院士经典的中国生态地理分区系统为基础,结合中国地貌三级分区,提出了黄河流域地理分区体系(77区);按照"双重规划""三区四带",结合国土空间生态修复规划,制定了综合治理分区(34区)。

二是,根据森林、草原、湿地与荒漠四类陆地自然生态系统,分类开展了生态系统耗水特征、承载力与植被配置模式等研究。其中,黄河流域的森林覆盖地区有约7.43%的提升潜力,天然林和人工林植被覆盖度(FVC)分别有约6.49%和8.84%的提升潜力,净初级生产力(NPP)分别有约10.15%和9.04%的提升空间;草地FVC有11.55%的提升空间,西北部分地区草地FVC的提升潜力较大,草地NPP有约23.45%的提升空间,西部地区草地NPP的提升潜力较大;湿地生态系统生态承载力总体较好,潜力较高的地区主要集中于黄河上游源区;潜在荒漠化区域约有546 452km^2,约占黄河流域总面积的67.56%,其中高风险区主要分布在东北部,中风险区大致分布在北部和中部,低风险区大致分布在南部和东部。

三是,依据森林、灌丛、典型草地与荒漠草原的年生态需水量,充分考虑水资源分布空间和承载力,提出了适水性植被优化配置方案,构建了稳定、高效、可持续的生态系统。

四是,研究了黄河流域系统治理的典型案例,分析了成功的经验做法,并针对冻融区、水土流失区、盐碱区以及砒砂岩区几个生态问题突出的区域提出了植被保护与修复建议,进而提出了林草自然生态系统与湿地生态系统的保护和修复政策建议。

总的来说,保护黄河是事关中华民族伟大复兴和永续发展的千秋大计,推动黄河流域生态保护和高质量发展,是我国区域协调发展和生态文明建设的重大战略问题。本书在总结大量前人研究成果的基础上,开展了黄河流域生态保护和高质量发展理论与实践研究,提出了发挥林草引领作用的具体方案,为加快流域生态环境保护、治理和改善步伐,不断开创流域人与自然和谐共生的新局面提供了理论基础和科学技术支撑。

著 者

2023年5月

目　　录

第 1 章 引 言

1.1 研 究 背 景

黄河流域是中国重要的水源地和生态屏障，是"中华水塔"和国家公园示范省建设的重要组成部分。党的十八大以来，习近平总书记多次实地考察黄河流域的生态保护和经济社会发展情况，就三江源、祁连山、秦岭、贺兰山等重点区域的生态保护建设作出重要指示。习近平总书记强调，黄河流域生态保护和高质量发展是重大国家战略，要共同抓好大保护，协同推进大治理，着力加强生态保护治理、保障黄河长治久安、促进全流域高质量发展、改善人民群众生活、保护传承弘扬黄河文化，让黄河成为造福人民的幸福河。

长期以来，黄河流域面临的自然生态脆弱、水环境污染、草地退化、盐渍化加剧等挑战愈来愈严峻，保护黄河成为事关中华民族伟大复兴和永续发展的千秋大计，推动黄河流域生态保护和高质量发展，成为我国区域协调发展和生态文明建设的重大战略问题。森林、草原、湿地、荒漠等主要陆地生态系统，是确保黄河安澜的生态根基，也是实现黄河流域高质量发展的重要基础。为深入谋划和全面实施流域生态保护修复，践行"山水林田湖草沙生命共同体"理念，亟待开展黄河流域林草自然生态系统承载力研究，深入解剖黄河流域林草自然生态系统承载力，聚焦上中下游关键生态问题，选典型生态退化区域开展保护与修复案例研究，系统研判黄河流域生态保护与修复面临的新要求和新任务，从而为保障黄河长治久安、促进全流域高质量发展提供有效的决策参考。

1.2 总体目标与思路

1.2.1 总体目标

围绕"保护维持干湿草林四大基准系，治理盐冻风水四大顽疾"研究主线，聚焦黄河流域森林、草原、湿地、荒漠生态系统，针对黄河上中下游冻融荒漠化、风蚀荒漠化、水蚀荒漠化和盐渍荒漠化四大灾害，充分考虑区域水土资源特点和空间分布格局，基于地表降水量及其地表再分配量，考虑浅层地下水（土壤水）对植被生长的控水作用，模拟研究区基于水资源约束的林草植被理论与实际分布格局，开展水资源承载力与林草资源优化配置研究，编制乔灌草水平衡的林草资源配置模式；针对制约黄河流域高质量发展的最为突出、最需优先解决的保护和修复关键问题，分析森林、草原、湿地、荒漠重要生态系统的结构与功能现状及其变化趋势，研判黄河流域突出的生态环境问题，构建黄河流域生态系统保护及修复策略，提出生态保护与修复政策建议，为实现黄河流域生态保护和高质量发展提供科学技术支撑。

1.2.2　研究思路

基于气象站点的气象数据，通过空间插值或遥感反演，获得栅格尺度的降水空间格局；利用 InVEST 模型或彭曼公式模拟栅格尺度的地表蒸散量和土壤水量；利用数字高程模型（DEM）数据模拟降水，扣除蒸散和土壤水（地表径流）的地形再分配；综合蒸散、土壤水和地形再分配水，明确栅格尺度的水资源空间分布格局。结合工农业生产与生活对水资源的消耗，明确区域水资源净剩余量。利用地下水位观测数据，通过空间插值分析地下水空间分布格局。利用气候水文要素倾向率和Mann-Kendall 非参数检验法，解析过去 40 年降水与地下水变化趋势并预测其未来30 年变化，明晰未来降水及浅层地下水对乔灌草植被的保障作用。

同时，研究乔灌草植被与水资源的关系，明确不同乔灌草植被的需水阈值及其季节分配，结合栅格尺度的水资源空间分布格局，明确黄河流域基于降水及地形再分配水的林草植被理论承载潜力及其空间分布格局；基于区域水资源净剩余量及浅层地下水保障能力，明确不同区域特殊情形下的乔灌草植被承载潜力，提出乔灌草水平衡的林草资源优化配置模式。

1.3　研　究　内　容

1.3.1　森林生态系统耗水特征和配置模式

1. 典型人工林生态系统蒸散耗水特征及水分供求关系

基于涡度相关法水热通量观测数据，定量研究油松、樟子松、侧柏、栓皮栎、杨树、华北落叶松等典型人工林生态系统的蒸散时间变化特征及其影响机制，了解其主要生长季节耗水过程及水分供求关系。

通过查询资料与试验观测，确定每种典型植被类型的需水范围，结合对水土两项关键自然要素的调查来确定各区的植被承载力（植被覆盖度、生物量）。

2. 典型人工林生态系统水分利用来源与效率

基于水碳稳定同位素，分析上述典型树种人工林在不同密度条件下退化和未退化林分的水分利用来源、水分利用策略和水分利用效率，为优化配置模式提供理论依据。

3. 人工林树种合理密度与优化配置模式

在相近区域，对比分析同一树种人工林与天然林的密度、生长及水分胁迫等指标。结合上述研究结果，确定中龄-近熟期人工林的合理密度，并查阅国内外相关文献资料，探索典型区域典型人工林的优化配置模式。

1.3.2　草原生态承载力和草种配置模式

1. 生态承载力评价及生态生产潜力挖掘

针对黄河流域典型退化区域，挖掘土壤种子库的植物构成与分布，解析不同植物物种对水分、温度等的响应，分析不同类型土壤的结构特征及其立地条件下原生植物物种的生长差异及生物量积累空间分布，为退化区域生态修复提供理论与技术支撑。

2. 基于水资源承载力的生态稳定性草种配置模式构建

对于选出的适生草种，通过比较不同种植密度及草种配置模式的生态效应，获得适宜的草种及其配置模式，为提升黄河流域裸露地植被覆盖度、构建稳定持续的林草生态系统提供重要的理论与技术支撑。

1.3.3　湿地水资源评价和植被配置模式

1. 湿地水资源状况评价

综合考虑湿地水资源系统、经济社会系统、生态系统的协调发展，基于驱动力-压力-状态-影响-响应模型（DPSIR 模型），从驱动力、压力、状态、影响、响应五个方面筛选各指标，构建水资源评价指标体系；结合典型湿地研究区和不同湿地类型等实际的水资源状况，确定评价标准，基于综合指数法对湿地水资源状况进行评价。

2. 湿地水资源承载力及其提升途径

基于水资源生态足迹模型，对区域湿地水足迹进行分析。同时，基于气象、水文等方面的数据，明确湿地水资源总量，揭示湿地水资源承载力；基于水资源生态赤字、水资源供需平衡指数、万元 GDP 水资源生态足迹等指标对水资源承载力进行评价；基于湿地水资源承载力分析，明确湿地生态节水路径，提出典型湿地分布区的社会、经济和生态发展模式及湿地水资源承载力提升的关键节点。

3. 湿地植被配置模式

根据山水林田湖草沙综合治理理论，综合分析湿地水资源与湿地景观、湿地植被格局之间的关系，在量化湿地水资源循环过程及平衡过程的基础上，以生态需水为限制因子，研究提出与水资源合理利用相匹配的湿地植物优化配置模式，提高湿地生态服务功能。

1.3.4 荒漠生态承载力和植被配置模式

1. 荒漠生态承载力阈值和维持提升策略

研究荒漠植被覆盖度的时空变化特征，分析不同地形条件下植被覆盖度变化的地形效应；分析荒漠生态承载力阈值，建立生态承载力评价指标体系，研究荒漠生态承载力维持和提升策略。

2. 黄河流域水资源承载力与林草资源优化配置

以黄河全流域为研究对象，分析降水时空格局变化，预测未来 30 年降水与地下水位格局变化，结合土地利用现状，研究区域生态需水量的空间格局与变化趋势，综合植被可利用降水量，提出基于水资源承载力的林草植被理论承载潜力与优化配置方案。

第2章 黄河流域自然生态条件

2.1 自然条件概述

黄河发源于青藏高原巴颜喀拉山北麓，呈"几"形流经青海、四川、甘肃、宁夏、内蒙古、山西、陕西、河南、山东9个省级行政区，全长5464km，是我国第二长河。黄河流域西接昆仑、北抵阴山、南倚秦岭、东临渤海，横跨东中西部，是我国重要的生态安全屏障，也是人口活动和经济发展的重要区域，在国家发展大局和社会主义现代化建设全局中具有举足轻重的战略地位。

《黄河流域生态保护和高质量发展规划纲要》做了系统归纳，认为黄河流域具有以下特点。①生态类型多样。黄河流域横跨青藏高原、内蒙古高原、黄土高原、华北平原四大地貌单元和我国地势三大台阶，拥有黄河这一天然生态廊道和三江源、祁连山、若尔盖等多个重要生态功能区域。②农牧业基础较好。黄河流域分布有黄淮海平原、汾渭平原、河套灌区等农产品主产区，粮食和肉类产量占全国1/3左右，同时能源资源富集。③煤炭、石油、天然气和有色金属资源储量丰富。黄河流域是我国重要的能源、化工、原材料和基础工业基地。④文化根基深厚。黄河流域孕育了河湟文化、关中文化、河洛文化、齐鲁文化等特色鲜明的地域文化，历史文化遗产星罗棋布。⑤生态环境持续明显向好。经过持续不断的努力，黄河水沙治理取得显著成效，防洪减灾体系基本建成，确保了人民生命财产安全，流域用水增长过快的局面得到有效控制，黄河实现了连续20年不断流；国土绿化水平和水源涵养能力持续提升，山水林田湖草沙保护修复加快推进，水土流失治理成效显著，优质生态产品供给能力进一步增强。⑥发展水平不断提升。黄河流域中心城市和城市群建设加快，全国重要农牧业生产基地和能源基地的地位进一步巩固，新的经济增长点不断涌现，人民群众生活得到显著改善，具备在新的历史起点上推动黄河流域生态保护和高质量发展的良好基础。

从生态保护角度出发，国家重点生态功能区——黄土高原丘陵沟壑水土保持生态功能区的主体位于黄河流域。黄河流域以及"两屏三带"中黄土高原生态屏障的所在区域，是我国生态保护建设和农牧业经济发展的核心区域，也是重要的草原分布区和草业发展区，连接我国主要草原牧区、半农半牧区和北方农区，加强该区域生态保护，使之实现高质量发展，促进黄河长治久安是中华民族的夙愿，也是建设美丽中国的根基。

总体来看，黄河流域自然生态条件可以概括为：干旱缺水、植被不足、侵蚀严重。黄河流域主要属于温带季风气候、温带大陆性气候和高原山地气候，年降水量不高，时间和空间分布十分不均。该区域大部分位于干旱、半干旱地带，黄河川流而过，多年年均水资源总量 647 亿 m³，供需矛盾尖锐，人均占有量不足全国水平的 1/3，属于资源型缺水地区。区域内植被覆盖度相对较低，沙化土地面积占流域总面积的 17.03%，天然次生林和天然草地少，主要分布在林区、土石山区和高地草原区。该地区沟壑纵横、地形破碎，地貌以山地、丘陵、高原为主，下游地区以平原为主。其中，位于该区域的黄土高原是世界上黄土分布最集中、覆盖厚度最大的区域，黄土平均厚度 50～100m，土质疏松、脱水固结快、易于侵蚀崩解。

2.1.1 地形地貌

黄河是我国的第二长河，发源于青藏高原巴颜喀拉山北麓海拔 4500m 的约古宗列盆地，流经青海、四川、甘肃、宁夏、内蒙古、山西、陕西、河南、山东，在山东省东营市垦利区注入渤海。干流河道全长 5464km，流域面积 79.5 万 km²（包括内流区 4.2 万 km²，下同）。内蒙古自治区托克托县河口镇以上为黄河上游，干流河道长 3472km，流域面积 42.8 万 km²；河口镇至河南省郑州市桃花峪为黄河中游，干流河道长 1206km，流域面积 34.4 万 km²；桃花峪以下至入海口为黄河下游，干流河道长 786km，流域面积 2.3 万 km²（水利部黄河水利委员会，2013）

流域内地势西高东低、海拔悬殊，形成自西而东、由高及低三级阶梯。最高的第一级阶梯是黄河源头区所在的青海高原，位于"世界屋脊"——青藏高原东北部，平均海拔 4000m 以上，耸立着一系列西北—东南向山脉，如北部的祁连山，南部的阿尼玛卿山和巴颜喀拉山。黄河河谷两岸的山脉海拔 5500～6000m，相对高差达 1500～2000m，左岸的阿尼玛卿山主峰海拔 6282m，是黄河流域最高点。第二级阶梯地势较平缓，主要为黄土高原。这一阶梯大致以太行山为东界，海拔 1000～2000m。白于山以北属内蒙古高原的一部分，包括河套平原和鄂尔多斯高原两个自然地理区域。第三级阶梯地势低平，绝大部分为海拔低于 100m 的华北平原，包括下游冲积平原、鲁中丘陵和河口三角洲。

2.1.2　气候特点

黄河流域处于中纬度地带，受大气环流和季风环流影响的情况比较复杂，不同地区气候差异显著，有以下主要特征。

1. 光照充足

黄河流域的日照在全国范围内属于充足区域，全年日照时数一般达 2000～3300h，全年日照百分比大多在 50%～75%，仅次于日照最充足的柴达木盆地，较长江流域广大地区普遍高1倍左右。

2. 季节差别大、温差悬殊

黄河流域季节差别大，上游青海久治以上的河源地区为"全年皆冬"；久治至兰州及渭河中上游地区为"长冬无夏，春秋相连"；兰州至龙门为"冬长（六七个月）夏短（一两个月）"；其余地区为"冬冷夏热，四季分明"。总的来看，随地形三级阶梯，黄河流域自西向东由冷变暖，气温的东西向梯度明显大于南北向梯度。气温年较差比较大，总趋势是 37°N 以北地区在 31～37℃，以南地区大多在 21～31℃。气温日较差也比较大，尤其是中上游的高纬度地区全年各季为 13～16.5℃，均处于国内的高值区或次高值区。

3. 降水集中，分布不均、年际变化大

黄河流域大部分地区年降水量在 200～650mm，中上游南部和下游地区多于650mm。尤其是受地形影响较大的南界——秦岭北坡，其降水量一般可达 700～1000mm，而深居内陆的西北宁夏、内蒙古部分地区，其降水量却不足 150mm。同时，降水量分布不均，南北降水量之比大于 5。流域冬干春旱、夏秋多雨，其中 6～9 月降水量占全年的 70% 左右，7～8 月降水量可占全年的四成以上。

4. 湿度小、蒸发大

黄河中上游流域是国内湿度偏小的地区，特别是上游宁夏、内蒙古境内和龙羊峡以上地区，年均水汽压不足 600Pa；兰州至石嘴山的相对湿度小于 50%。黄河流域蒸发能力很强，年蒸发量达 1100mm，其中上游甘肃、宁夏和内蒙古中西部地区属国内年蒸发量最大的地区，最大年蒸发量可超过 2500mm。

2.1.3　主要水系

黄河干流多弯曲，素有"九曲黄河"之称。黄河支流众多，流域面积大于 $100km^2$ 的支流共 220 条，组成黄河水系。支流中流域面积大于 $1000km^2$ 的有 76 条，总面积达 58 万 km^2，占全流域面积（不含内流区面积，下同）的 77%；流域面积大于 1 万 km^2 的有 11 条，总面积达 37 万 km^2，约占全流域面积的 50%。

黄河左、右岸支流呈不对称分布，其中左岸流域面积为 29.3 万 km^2，右岸流域面积为 45.9 万 km^2，分别占全流域面积的 39% 和 61%。流域面积大于 $100km^2$ 的一级支流，左岸 96 条，总面积 23 万 km^2；右岸 124 条，总面积 39.7 万 km^2。

渭河位于黄河腹地大"几"形基底部位，流域面积 13.48 万 km^2，为黄河最大的支流，年径流量 100.5 亿 m^3，年输沙量 5.34 亿 t，分别占黄河年径流量、年输沙量的 19.7% 和 33.4%，是向黄河输送水、沙最多的支流。

汾河发源于山西省宁武县管涔山，纵贯山西省中部，流经太原和临汾两大盆地，于万荣县汇入黄河，长 710km，流域面积 39 471km^2，是黄河的第二大支流。汾河流域面积占山西省面积的 25%，地跨 47 个县市，人口 917 万，耕地 1760 万亩（1 亩≈666.67m^2），分别占山西省人口的 37%、耕地的 30%，许多重要工业城市如太原、临汾等集中分布在汾河的两大盆地。

湟水是黄河上游左岸的一条大支流，发源于大坂山南麓青海省海晏县，于甘肃省永靖县汇入黄河，全长 374km，流域面积 32 863km^2，其中约有 88% 属青海省，地质条件复杂。

洮河是黄河上游右岸的一条大支流，发源于青海省，于甘肃省永靖县汇入刘家峡水库区，全长 673km，流域面积 25 527km^2，沟门村水文站统计资料显示，年均径流量 53 亿 m^3，年均输沙量 0.29 亿 t，平均含沙量仅 5.5kg/m^3，水多沙少。

大黑河是黄河上游末端的一条大支流，发源于内蒙古自治区乌兰察布市卓资县十八台乡坝顶村，流经呼和浩特市，于托克托县城附近注入黄河，全长 236km，流域面积 17 673km^2。

2.1.4　水资源

1. 水资源总量

一是水资源总量相对匮乏。2020 年，黄河流域水资源总量为 917.4 亿 m^3，占全国水资源总量的 2.9%，居全国十大流域第八位，仅比辽河流域和海河流域略高。

1997～2020 年，黄河流域的水资源总量、地表水与地下水资源量总体呈增加趋势，2020 年地表水资源量为 796.2 亿 m³，地下水资源量为 451.6 亿 m³。二是水资源总量分布不均匀。虽然兰州以上流域面积仅占全流域面积的 29.6%，水资源总量却占全流域水资源总量的 65.9%；龙门至三门峡流域面积占全流域面积的 25.4%，水资源总量占全流域水资源总量的 16.2%；而兰州至头道拐流域面积占全流域面积的 19.33%，水资源总量只占全流域水资源总量的 1%。

2. 用水总量

2020 年，黄河流域用水总量为 392.7 亿 m³，占全国用水总量的 6.8%，是长江流域用水总量的 20.1%，在全国十大流域中排第六位。1997～2020 年黄河流域的平均供水总量为 391.5 亿 m³，地表水平均供水量为 257.2 亿 m³，地下水平均供水量为 126.5 亿 m³，黄河流域的供水总量维持稳定，地表水供水量略微增加，地下水供水量呈减少趋势。

3. 用水结构

黄河流域用水结构以农业用水为主，2020 年农业用水占 66.9%，其次是生活用水，占 13.6%，工业用水占 11.8%，生态环境用水占 7.7%。1997～2020 年黄河流域农业用水比例有所下降，但仍占据主导地位，均在 66% 以上，高于全国平均水平（2020 年全国农业用水占比 62.1%）。

2.1.5　土地资源

在黄河流域，青海省、陕西省与甘肃省面积占比较高，分别占流域总面积的 19.8%、17.5%、18.8%。该区域土地利用类型主要分为园地、林地、草地、城镇建设用地、水域与其他用地几类，其中林地面积最高，占流域总面积的 43.2% 左右，其次为其他用地与园地，水域面积占比最低，仅为 0.9%。

黄河流域土地、能矿和生物等资源较丰富，空间分布上存在明显的地域分异。与长江流域、沿海地区、京津冀地区相比较，黄河流域土地资源较为丰富，但可供人类生产生活的用地受到地形、水资源等自然本底的约束，中上游地区可利用土地主要分布在河谷地带和山间盆地。煤炭、天然气、太阳能、水能和风能等能源资源丰富，煤炭主要分布于山西、陕西、内蒙古、宁夏毗邻地区，天然气集中于陕甘宁地区，太阳能和风能主要分布于西北部的内蒙古、甘肃、青海、宁夏，水能主要分布于黄河干流兰州以上河段和中游晋陕河段。钾盐、铝土矿等矿产资源丰富，其中全国最大的钾盐矿富集于青海柴达木盆地。黄河流域的生物资源汇集了我国大部分物种，种类较多，地域特色鲜明。

2.1.6 林草资源

黄河流域林草资源状况来自国家林业和草原局发布的《黄河流域林草资源及生态状况监测报告》，范围为黄河流域所处的 9 个省级行政区的 448 个县（市、区、旗），总面积 130.64 万 km²。

1. 黄河流域植被覆盖率及其变化

黄河流域 9 个省级行政区国土面积 13 064.38 万 hm²，植被综合覆盖率 51.33%。其中，植被综合覆盖率 <40%、40%～59% 和 ≥60% 的面积分别为 4561.28 万 hm²、2842.21 万 hm² 和 5660.89 万 hm²，分别占总面积的 34.91%、21.76% 和 43.33%。2009～2018 年，植被覆盖显著改善的面积 3353.75 万 hm²、占 25.67%，轻微改善的面积 5693.13 万 hm²、占 43.58%，稳定不变的面积 645.95 万 hm²、占 4.94%，轻微退化的面积 2896.55 万 hm²、占 22.17%，严重退化的面积 474.99 万 hm²、占 3.64%。

2. 黄河流域森林资源

一是林地面积。黄河流域各类林地面积 2795.43 万 hm²，占总面积的 21.40%。其中，上游 841.35 万 hm²、占 30.10%，中游 1817.40 万 hm²、占 65.01%，下游 136.68 万 hm²、占 4.89%。林地地类分为乔木林地、竹林地、树林地、灌木林地、未成林造林地、苗圃地和迹地七大类，其中乔木林地占比最大（59.6%），其次为灌木林地（27.3%）和未成林造林地（9.9%）。黄河流域上游林地中灌木林地占比最大（54.1%），其次为乔木林地（31.3%）和未成林造林地（12.6%）。二是森林面积。黄河流域森林面积 2114.40 万 hm²，森林覆盖率 16.18%，其中乔木林 1665.23 万 hm²、占 78.76%，竹林 0.27 万 hm²、占 0.01%，特殊灌木林 448.90 万 hm²、占 21.23%。其中，上游森林面积 616.11 万 hm²，森林覆盖率 7.55%；中游森林面积 1383.11 万 hm²，森林覆盖率 32.63%；下游森林面积 115.18 万 hm²，森林覆盖率 17.19%。三是乔木林健康状况。黄河流域乔木林面积中，"健康"的占 80.36%，"亚健康"的占 15.54%，"中健康"的占 3.02%，"不健康"的占 1.08%。四是人工林退化老化状况。黄河流域退化人工乔木林面积 102.90 万 hm²，占人工乔木林面积的 12.57%；退化人工灌木林面积

53.12 万 hm^2，占人工灌木林面积的 41.72%。

3. 黄河流域草原资源

一是草原面积。黄河流域草原面积 6213.69 万 hm^2，占总面积的 47.56%。其中，上游 5237.45 万 hm^2、占 84.29%，中游 955.11 万 hm^2、占 15.37%，下游 21.13 万 hm^2、占 0.34%。二是草原类型。黄河流域已定草原面积 4809.28 万 hm^2，占流域草原总面积的 77.40%。在已定的 9 种草原类型中，高寒草甸类占比最大，为 25.85%，温性草原类占 22.23%，温性荒漠类占 14.75%，高寒草原类占 6.82%，山地草地类占 4.29%，暖性灌草丛类、低地草甸类、高寒荒漠类和热性灌草丛类面积较小，四者合计占 3.46%。三是草原质量。黄河流域草原植被综合覆盖率 52.90%，其中上游 52.30%、中游 65.30%、下游 75.70%；年均净初级生产力 1.14 亿 t，其中上游 0.88 亿 t、中游 0.25 亿 t、下游 0.01 亿 t。黄河流域天然草原鲜草总产量 16 157.55 万 t，上、中、下游分别占 71.23%、27.46% 和 1.31%；干草总产量 5231.62 万 t，上、中、下游分别占 71.34%、27.87% 和 0.79%。2010～2019 年，黄河流域呈恢复趋势的草原面积占总面积的 59.52%，其中明显恢复的占 1.93%，较明显恢复的占 28.07%，轻微恢复的占 29.52%；呈退化趋势的草原面积占总面积的 23.53%，其中重度退化的占 0.11%，中度退化的占 3.90%，轻度退化的占 19.52%。

2.1.7　荒漠化和沙化土地

第五次全国荒漠化和沙化土地监测结果显示，截至 2014 年底，黄河流域荒漠化土地面积 20.92 万 km^2（占全国 8%、占全流域 26%）。其中，风蚀荒漠化面积 11.77 万 km^2，占流域荒漠化总面积的 56.26%，占流域总面积的 14.80%；水蚀荒漠化面积 7.53 万 km^2，占流域荒漠化总面积的 35.99%，占流域总面积的 9.47%；盐渍化土地面积 1.62 万 km^2，占流域荒漠化总面积的 7.74%，占流域总面积的 2.04%。按荒漠化程度划分，流域内轻度荒漠化土地占 54.71%、中度占 31.54%、重度占 10.25%、极重度占 3.50%。另有沙化土地面积 10.11 万 km^2（占全国 5.87%、占全流域 12.69%），具有明显沙化趋势的土地面积为 3.80 万 km^2。

2.1.8　经济社会

黄河流域在国家发展大局和社会主义现代化建设全局中具有举足轻重的战略地位。2019 年，黄河流域总人口约 1.07 亿人，占全国的 8.6%，涉及青海、四川、甘肃、宁夏、内蒙古、陕西、山西、河南、山东 9 个省级行政区，其中城镇人口 2506 万人，占全国的 6.8%，城市化率 23.45%，低于全国的城市化率。地区生产总值（GDP）约为 49 251 亿元，其中第一产业增加值约为 4162 亿元，第二产业增加值约为 21 761 亿元，第三产业增加值约为 23 328 亿元，三产之比大概为 8.5∶44.2∶47.4，人均 GDP 为 5.29 万元，低于全国的平均水平 0.63 万元，低于长江经济带的平均水平 1.01 万元。由于历史发展、自然条件等因素，当前流域经济社会发展仍相对滞后，特别是上中游地区和下游滩区是我国经济收入较低人口相对集中的区域。

黄河流域的经济社会发展整体滞后，产业构成以第二产业为主体，其中初级加工业占比较高，能矿资源采掘业特色突出；第三产业比重低于全国平均水平，且显著低于沿海地区；第一产业比重高于全国平均水平，尤其是草原牧业特色鲜明。因此，流域内部发展差距较大。

2.2 生态地理分区

2.2.1 一级分区

基于生态地理分区（郑度，2008）和地貌区划与分区体系（程维明等，2019），对我国进行地貌-生态地理综合分区。在一级分区上，根据大地貌类型的差异性，以一级地貌分区（即中国的三级地势阶梯特征）和生态地理分区为本底，综合植被类型图及 DEM 数据、土地利用类型等进行分区。全国范围内共划分出 61 个区，其中东部平原低山丘陵大区内有 11 个区，东南低山丘陵平原大区内有 8 个区，华北-内蒙东（内蒙古东部）中山高原大区内有 12 个区，西北高中山盆地高原大区内有 5 个区，西南中低山高原盆地大区内有 9 个区，青藏高原高山极高山盆地谷地大区内有 16 个区。根据以上分区原则，黄河流域共划分一级分区 17 个（图 2.1 和表 2.1）。

2.2.2 二级分区

在二级分区上，以二级地貌分区和生态地理分区为本底，综合植被类型图及 DEM 数据、土地利用类型等进行分区。全国共划分 116 个二级分区，黄河流域二级分区为 29 个（图 2.2 和表 2.2）。

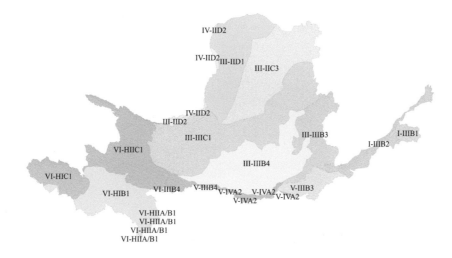

图 2.1　黄河流域一级地貌-生态地理综合分区

与表 2.1 中的分区名称一一对应；部分分区（如 IV-IID2）在图中分布不连续，所以在多个地点标注名称

表 2.1　黄河流域一级地貌-生态地理综合分区编码及其名称（暂定）

一级地貌名称（编码）	一级分区编码	一级分区名称
东部平原低山丘陵大区（I）	I-IIIB1	鲁中低山丘陵落叶阔叶林、人工植被区
	I-IIIB2	华北平原人工植被区
华北-内蒙东中山高原大区（III）	III-IIC3	内蒙古东部草原区
	III-IID1	鄂尔多斯及内蒙古高原西部荒漠草原区
	III-IID2	阿拉善与河西走廊荒漠区
	III-IIIB3	华北山地落叶阔叶林区
	III-IIIB4	汾渭盆地落叶阔叶林、人工植被区
	III-IIIC1	黄土高原中北部草原区
西北高中山盆地高原大区（IV）	IV-IID2	阿拉善与河西走廊荒漠区
西南中低山高原盆地大区（V）	V-IIIB3	华北山地落叶阔叶林区
	V-IIIB4	汾渭盆地落叶阔叶林、人工植被区
	V-IVA2	秦巴山地常绿落叶阔叶混交林区
青藏高原高山极高山盆地谷地大区（VI）	VI-HIB1	果洛那曲高原山地高寒灌丛草甸区
	VI-HIC1	青南高原宽谷高寒草甸草原区
	VI-HIIA/B1	川西藏东高山深谷针叶林区
	VI-HIIC1	祁连青东高山盆地针叶林、草原区
	VI-IIIB4	汾渭盆地落叶阔叶林、人工植被区

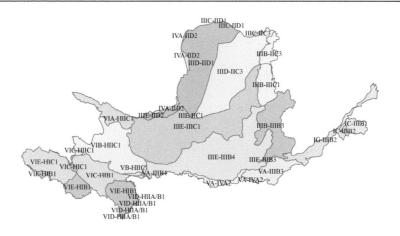

图 2.2 黄河流域二级地貌-生态地理综合分区

表 2.2 黄河流域二级地貌-生态地理综合分区编码及其名称（暂定）

一级地貌名称（编码）	二级地貌名称及其编码	二级分区编码	二级分区名称
东部平原低山丘陵大区（I）	鲁东低山丘陵平原地区 IC	IC-IIIB1	鲁中低山丘陵落叶阔叶林、人工植被区
		IC-IIIB2	华北平原人工植被区
	华北-华东平原地区 IG	IG-IIIB2	华北平原人工植被区
华北-内蒙东中山高原大区（III）	山西中低山盆地地区 IIIB	IIIB-IIC3	内蒙古东部草原区
		IIIB-IIIB3	华北山地落叶阔叶林区
		IIIB-IIIC1	黄土高原中北部草原区
	内蒙古东北部高平原地区 IIIC	IIIC-IIC3	内蒙古东部草原区
		IIIC-IID1	鄂尔多斯及内蒙古高原西部荒漠草原区
	鄂尔多斯高原与河套平原地区 IIID	IIID-IIC3	内蒙古东部草原区
		IIID-IID1	鄂尔多斯及内蒙古高原西部荒漠草原区
	黄土高原地区 IIIE	IIIE-IIC1	西辽河平原草原区
		IIIE-IID2	阿拉善与河西走廊荒漠区
		IIIE-IIIB3	华北山地落叶阔叶林区
		IIIE-IIIB4	汾渭盆地落叶阔叶林、人工植被区
		IIIE-IIIC1	黄土高原中北部草原区
西北高中山盆地高原大区（IV）	蒙甘新高原丘陵平原地区 IVA	IVA-IID2	阿拉善与河西走廊荒漠区
西南中低山高原盆地大区（V）	秦岭大巴山中低山地区 VA	VA-IIIB3	华北山地落叶阔叶林区
		VA-IIIB4	汾渭盆地落叶阔叶林、人工植被区
		VA-IVA2	秦巴山地常绿落叶阔叶混交林区
	鄂黔滇中低山谷地地区 VB	VB-HIIC1	祁连青东高山盆地针叶林、草原区
青藏高原高山极高山盆地谷地大区（VI）	阿尔金山祁连山高山谷地地区 VIA	VIA-HIIC1	祁连青东高山盆地针叶林、草原区

一级地貌名称（编码）	二级地貌名称及其编码	二级分区编码	二级分区名称
青藏高原高山极高山盆地谷地大区（Ⅵ）	柴达木-黄湟（黄河+湟水）高山盆地地区 ⅥB	ⅥB-HⅡC1	祁连青东高山盆地针叶林、草原区
	中东昆仑高山地区 ⅥC	ⅥC-HⅠB1	果洛那曲高原山地高寒灌丛草甸区
		ⅥC-HⅠC1	青南高原宽谷高寒草甸草原区
		ⅥC-HⅡC1	祁连青东高山盆地针叶林、草原区
	横断山高山峡谷地区 ⅥD	ⅥD-HⅡA/B1	川西藏东高山深谷针叶林区
	江河源丘状山原-江河上游高山谷地地区 ⅥE	ⅥE-HⅠB1	果洛那曲高原山地高寒灌丛草甸区
		ⅥE-HⅠC1	青南高原宽谷高寒草甸草原区
		ⅥE-HⅡA/B1	川西藏东高山深谷针叶林区

2.3 生态治理区划

2.3.1 生态环境现状

早在上古时期，黄河流域就是华夏先民繁衍生息的重要家园。中华文明上下五千年，在长达 3000 多年的时间里，黄河流域一直是全国的政治、经济和文化中心，以黄河流域为代表的我国古代发展水平长期领先于世界。九曲黄河奔流入海，以百折不挠的磅礴气势塑造了中华民族自强不息的伟大品格，成为民族精神的重要象征。黄河是全世界泥沙含量最高、治理难度最大、水害严重的河流之一，历史上曾"三年两决口、百年一改道"，洪涝灾害波及范围北达天津、南抵江淮。黄河"善淤、善决、善徙"，在塑造形成沃野千里的华北大平原的同时，也给沿岸人民带来深重灾难。从大禹治水到潘季驯"束水攻沙"，从汉武帝时期的"瓠子堵口"到清康熙帝时期把"河务、漕运"刻在宫廷柱子上，中华民族始终在同黄河水旱灾害做斗争。但受生产力水平和社会制度制约，加之"以水代兵"等人为破坏，黄河"屡治屡决"的局面始终未根本改观，沿黄人民过上安宁幸福生活的夙愿一直难以实现。新中国成立后，毛泽东同志于 1952 年发出"要把黄河的事情办好"的号召，党和国家把这项工作作为治国兴邦的大事来抓。党的十八大以来，以习近平同志为核心的党中央着眼于生态文明建设全局，明确了"节水优先、空间均衡、系统治理、两手发力"的治水思路。经过一代接一代的艰辛探索和不懈努力，黄河治理和黄河流域经济社会发展都取得了巨大成就，实现了黄河治理从被动到主动的历史性转变，创造了黄河岁岁安澜的历史奇迹,人民群众获得感、幸福感、安全感显著提升,充分彰显了党的领导和社会主义制度的优势,在中华民族治理黄河的历史上书写了崭新篇章。

通过实施三北防护林、山水林田湖草沙生态保护修复、天然林保护、退耕还林还草、水土流失治理、矿山生态修复治理等一系列重大生态工程,黄河流域水土流失、土地沙化等生态问题得到改善,水源涵养和水土保持等生态功能逐步增强,生态状况明显向好,现有森林面积稳步增长,森林覆盖率逐渐提升,水土流失得到有效治理,建立各类自然保护地 800 多处,总面积达 14 万 km^2。黄河流域生态敏感脆弱,3/4 以上的区域属于中度以上脆弱区,高于全国 55% 的水平;鱼类资源呈现严重衰退态势,水生生物多样性持续降低;系统性生态问题突出,整个流域林草总量不足,防护功能下降;上游地区天然草地退化严重,退化率在 60%~90%,沙化土地面积大;自然湿地萎缩,部分区域湿地面积减少近 70%,水源涵养和调蓄功能下降;部分地区地下水位下降明显;中游地区水土流失依然严重,仍有超过 20 万 km^2 的水土流失面积亟待治理,多为粗沙区,对河道影响大;黄河三角洲自然湿地严重萎缩,近 30 年减少约 52.8%;森林、草原、湿地、荒漠等自然生态系统稳定性不强。虽近年黄河流域林草植被得到恢复,但林分退化老化问题突出、草原退化状况尚未根本扭转、湿地保护修复压力大、沙化土地治理任务仍然艰巨,其生态状况与实现高质量发展的要求还有较大差距。

黄河一直"体弱多病",生态本底差,水资源十分短缺,水土流失严重,资源环境承载力弱,沿黄各省区发展不平衡不充分问题尤为突出。《黄河流域生态保护和高质量发展规划纲要》提出,生态环境和社会经济发展存在的问题综合表现在:①黄河流域最大的矛盾是水资源短缺。上中游大部分地区位于 400mm 等降水量线以西,气候干旱少雨,多年年均降水量 446mm,仅为长江流域的 40%;多年年均水资源总量 647 亿 m^3,不到长江流域的 7%;水资源开发利用率高达 80%,远超 40% 的生态警戒线。②黄河流域最大的问题是生态脆弱。生态脆弱区分布广、类型多,上游的高原冰川、草原草甸和三江源、祁连山,中游的黄土高原,下游的黄河三角洲等,都极易发生退化,恢复难度极大且过程缓慢。环境污染积重较深,水质总体差于全国平均水平。③黄河流域最大的威胁是洪水。水沙关系不协调,下游泥沙淤积、河道摆动、"地上悬河"等老问题尚未彻底解决,下游滩区仍有近百万人受洪水威胁,气候变化和极端天气引发超标准洪水的风险依然存在。④黄河流域最大的短板是高质量发展不充分。沿黄各省区产业倚能倚重、低质低效问题突出,以能源化工、原材料、农牧业等为主导的特征明显,缺乏有较强竞争力的新兴产业集群。支撑高质量发展的人才、资金外流严重，要素资源比较缺乏。⑤黄河流域最大的弱项是民生发展不足。沿黄各省区公共服务、基础设施等历史欠账较多，医疗卫生设施不足，重要商品和物资储备规模、品种、布局亟待完善，保障市场供应和调控市场价格能力偏弱，城乡居民收入水平低于全国平均水平。⑥受地理条件等制约，沿黄各省区经济联系度历来不高，区域分工协作意识不强，高效协同发展机制尚不完善，流域治理体系和治理能力现代化水平不高，文化遗产系统保护和精神内涵深入挖掘不足。

　　黄河流域的生态问题既具有区域特殊性，又具有流域关联性，生态敏感区和脆弱区面积依然较大，并且类型多、程度深。面临的主要生态问题是：黄河上游生态系统极为脆弱，植被覆盖度下降、退化严重，鼠害猖獗，水源涵养功能下降，局部地区生态系统退化，土地荒漠化、沙化程度严重；黄河中游黄土高原生态区是典型的农牧交错带，具有林草资源优势和农牧业结合条件，但是水土流失严重、水沙关系不协调、沙化问题突出、土壤盐碱化程度高等生态问题突出，黄土高原约 2137 万 hm^2 水土流失面积亟待治理，尤其是 786 万 hm^2 的多沙粗沙区和粗泥沙集中来源区对下游构成严重威胁；黄河下游生态区生态流量偏低，盐碱化严重，河口湿地萎缩，河道淤积，形成地上悬河，存在林草自然灾害频发、土壤盐渍化面积大、水资源刚性约束紧、生态环境压力大等问题。

　　1. 黄河流域生态环境面临的挑战

　　（1）水源缺乏，受限严重

　　在水量本来不足的黄河流域，各地和各种用水需求都急剧增加，严重超出水资源承载力，导致植被、湿地等生态用水和生产及生活用水的矛盾加剧、流域上中下游及坡面-支流-干流的水资源配置失衡等全局性问题，成为生态系统恢复与管理必须考虑的新因素。

　　（2）系统退化，功能衰减

　　在上游，草原退化沙化，湿地萎缩，水源涵养功能降低；在中游，黄土高原防护林退化，土壤干化，河川径流大幅减少；在下游，流量不足，河道淤积，河口萎缩；还有生物多样性保护面临的野生动植物栖息地丧失、破碎化等问题。

　　（3）缺乏统筹，科技滞后

　　缺少水管理和多功能管理的维度，在生态系统恢复和管理中，缺乏对水分限制、供水安全、水文调节功能的全面考虑，缺乏生态系统多功能优化利用的系统思维，更是缺乏相关的具体政策导向及可行的技术途径，尤其在"以水而定、量水而行"

等方面科技支撑能力严重不足。

（4）补偿欠佳，产业乏力

缺乏整体系统管理体制，尚未建立不同责任主体、行业、区域之间的权责对等的管理体制和协调联动机制及能促进生态产品价值实现的多元化投入机制。生态补偿不到位和科技支撑不足，共同导致林区、草原、沙区等缺乏造血功能，如果不发展产业，单靠目前状况很难维持。

2. 黄河流域林草领域的主要科学问题

1）黄河流域由于总体上气候干旱、水资源时空分布不均，造林成活率、保存率低，林草植被覆盖率低，人工植被退化风险高、生态功能和稳定性差，在气候急剧变化的背景下，迫切需要开展林草自然生态系统承载力研究，亟待解决"该不该造林、在哪造林、造什么林、怎么造林"等重大理论问题和关键技术问题。

2）黄土高原是黄河泥沙的主要来源区，也是黄河流域重要的粮果产区，区域水资源相对短缺。由于该区域光合潜力（能量）-水资源利用和控沙效益（水沙）-粮果畜生产（食物）之间的互馈机制极为复杂，亟待解决通过林草植被恢复与提质，实现多尺度水资源承载-粮果生产-水沙高效调控-生态碳汇-生物多样性保护协同提升与综合管理的关键科学问题和技术。

3）黄河流域现存大面积低效且退化的人工林，这些林分结构单一、生产力低，水土保持、水源涵养、生态固碳、多样性保护等生态功能差，急需建立与立地类型相适应，以乡土树种为主体，以地带性植被群落恢复为目标的人工林生态系统质量与生态服务功能提升的关键理论和技术体系。

4）黄河流域土石山区（祁连山、六盘山、子午岭、黄龙山、吕梁山、太行山、沂蒙山、桐柏山、大别山、秦岭北坡）森林树种单一、生物多样性低、林分结构不合理，生态系统稳定性差，抵御有害生物的能力弱，碳汇和水源涵养等生态系统服务功能低。优化和提升次生林生态功能，开展次生林健康经营，实现保持水土、涵养水源、保护生物多样性和减缓气候变化等生态系统服务功能，开展植被退化风险防控与调控，全面提升次生林生态系统的弹性和稳定性是亟待解决的问题。

5）黄河流域土地次生盐渍化问题突出，治理难度大，水盐调控生物工程关键技术缺乏，开展流域次生盐碱地生态治理与恢复，是实现黄河流域生态保护和高质量发展的重大需求。

2.3.2　黄河流域生态治理区划

根据植被区划植被型与土地利用现状植被（现实植被）类型的差异性及暖湿化背景下的水分差异性，评估得出黄河流域植被恢复潜力区（绿色区域为植被区划植被型优于土地利用现状植被类型区、灰色区域为植被生态区划植被型与土地利用现状植被类型相吻合区）（图 2.3），在 30 个三级生态综合分区（自然资源部印发的《中国陆域生态基础分区》中三级分区）基础上，筛选出治理区共 10 个，见表 2.3，结合区域生态问题分布状况（土地沙化、水土流失、土地盐碱化分布见图 2.4），采取不同的治理措施。

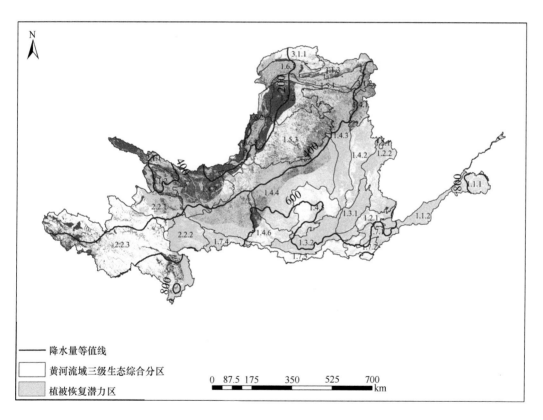

图 2.3　黄河流域生态治理区划

200、400 等为降水量（单位为 mm），1.1.1、1.1.2 等为表 2.3 中的三级分区编号，下同

表 2.3　黄河流域生态修复治理区（以植被恢复潜力为导向）

三级分区编号	生态修复治理区	所属二级分区	所属一级分区
2.2.2	黄南高山草地生态区	三江源生态区	青藏高原生态屏障区
2.2.1	甘南高山草地生态区		
1.4.2	吕梁山中山森林生态区	黄土高原生态区	黄河重点生态区
1.4.3	晋陕蒙峡谷农草生态区		
1.4.4	陇西-陕北黄土丘陵农林生态区		
1.2.1	太岳山中低山森林生态区	太行山生态区	
1.2.2	太行山南部中低山森林生态区		
1.5.1	库布齐沙地荒漠生态区	鄂尔多斯高原生态区	
1.7.3	秦岭北麓西段中山林农生态区	秦岭北麓生态区	
3.1.1	阴山北麓中山草地生态区	阴山生态区	北方防沙带

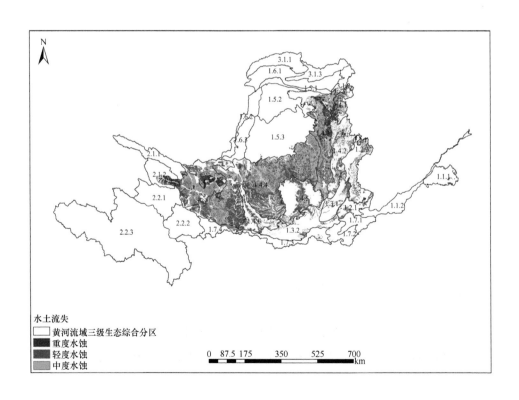

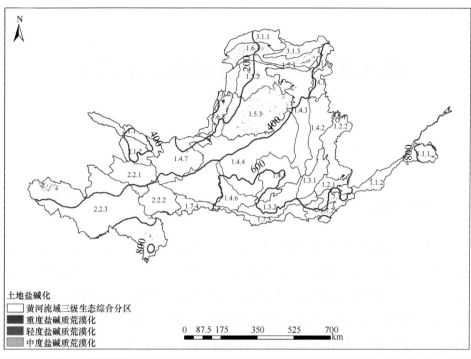

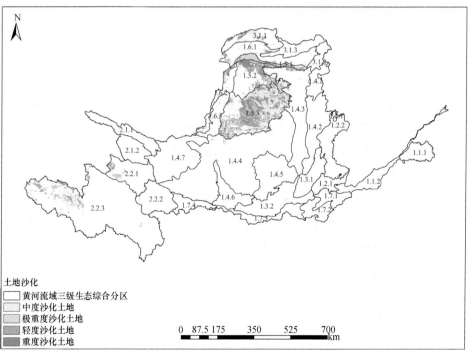

图 2.4　黄河流域生态治理区水土流失、土地盐碱化、土地沙化情况

第3章 黄河流域综合生态状况

3.1 森林生态系统现状评估

3.1.1 森林生态系统现状及变化趋势

本研究分别使用森林覆盖、植被覆盖度（fractional of vegetation coverage，FVC）以及净初级生产力（net primary productivity，NPP）三个指标对黄河流域森林生态系统的现状及变化趋势进行评估。根据长时间序列遥感数据，利用生产时空一致性强的大区域高精度土地覆盖产品对黄河流域森林覆盖的变化进行全面监测和评估。使用林地一张图数据，提取黄河流域的天然林和人工林数据，分别利用 FVC 以及 NPP 指标评估其现状及变化趋势。

1. 数据

（1）CAF-LC30 产品

为了构建黄河流域森林覆盖无云遥感数据集，利用 Landsat 地表反射产品，基于改进像元评价规则的遥感影像合成方法构建土地覆盖数据集。分别收集黄河流域 10 个时期的 4 套土地覆盖产品（Globeland30、GLC_FCS30、Chinacover、WorldCover），求取 2000~2020 年同类土地覆盖类型的交集区域，生成可信分类样本库。在样本库中按照逐瓦片（2.1°×2.1°）范围随机抽取分类样本，对抽取的样本进行随机森林分类，并采用规则约束的投票方法进行后处理分析。接着利用长时间序列连续变化检测算法对 2000~2020 年的土地覆盖变化结果进行计算，并以 2020 年结果为基准对 2000 年和 2010 年数据进行一致性分析与更新，最终得到黄河流域的 2000 年、2010 年和 2020 年产品，即 CAF-LC30 产品。

（2）FVC 产品

综合中分辨率成像光谱仪（moderate-resolution imaging spectroradiometer，MODIS）植被指数产品数据和改进的像元二分模型生产的 FVC 产品数据，将每景 MODIS 影像分成 8×8 块，分块计算得到黄河流域森林的植被覆盖度产品。该产品的空间分辨率为 250m，时间分辨率为 1 年。

（3）NPP 产品

利用 MOD17A3HGF 数据分析得到黄河流域森林的 NPP 趋势及承载潜力产品。该产品空间分辨率为 500m，时间分辨率为 1 年，基于光能利用率模型生产。

（4）林地一张图数据

基于林地一张图数据，提取黄河流域的天然林和人工林数据。

2. 研究方法

采用 Theil-Sen Median 趋势分析与 Mann-Kendall 显著性检验相结合的方法，分析 2000～2020 年黄河流域森林的 FVC 和 NPP 变化趋势，分为明显增加、轻微增加、基本不变、轻微减小、明显减小 5 个等级（表 3.1）。

表 3.1　变化趋势分级

S	$|Z|$	趋势分类
$S \geqslant 0.0005$	$|Z| \geqslant 1.96$	明显增加
$S \geqslant 0.0005$	$|Z| \geqslant 1.96$	轻微增加
$-0.0005 < S < 0.0005$	$|Z| \geqslant 1.96$	基本不变
$S \leqslant -0.0005$	$|Z| \geqslant 1.96$	轻微减小
$S \leqslant -0.0005$	$|Z| \geqslant 1.96$	明显减小

注：S 表示 Theil-Sen Median 趋势的值，Z 表示 Mann-Kendall 显著性检验的值

3. 结果分析

（1）森林覆盖现状

我国黄河流域的森林覆盖呈现东南丰富密集、西北稀疏量少的特点，2020 年黄河流域森林覆盖率为 12.49%（图 3.1）。

（2）FVC 现状及变化趋势

利用 FVC 对黄河流域森林资源的现状及变化趋势进行评估。2020 年天然林的 FVC 均值为 0.77，西南、东南地区植被覆盖度较高，西北部分地区植被覆盖度较低（图 3.2a）。2000～2020 年黄河流域天然林的 FVC 表现出增加趋势（图 3.2b 和图 3.3）。FVC 呈现增加趋势的面积占总林区面积的 77.49%，呈减小趋势的面积占总林区面积的 10.25%（主要分布在青海东部和甘肃南部的部分林区）。

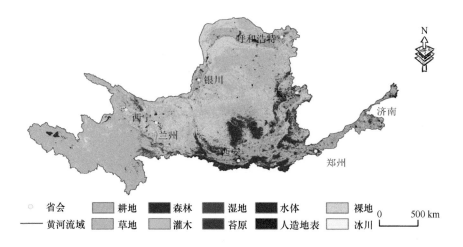

图 3.1　2020 年黄河流域森林覆盖图

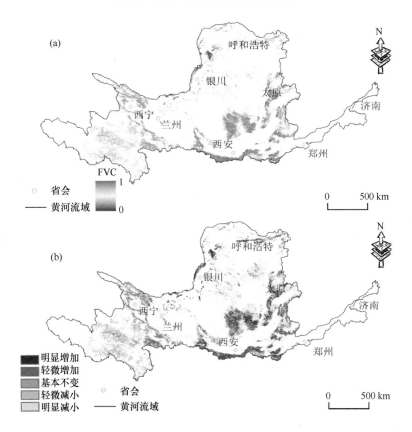

图 3.2　2020 年黄河流域天然林 FVC 制图（a）及 2000～2020 年变化趋势（b）

人工林 FVC 均值为 0.65,南部地区植被覆盖度较高,而北部部分地区植被覆盖度较低(图 3.4a)。2000~2020 年黄河流域人工林的 FVC 表现出增加趋势(图 3.4b 和图 3.3)。FVC 呈现增加趋势的面积占总林区面积的 87.90%,呈减小趋势的面积占总林区面积的 8.69%(主要分布在青海东部和甘肃南部的部分林区)。

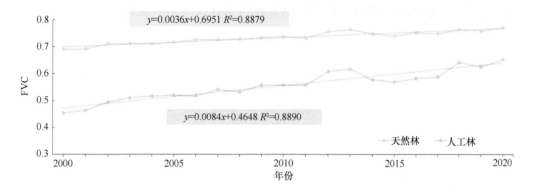

图 3.3　2000~2020 年 FVC 时间曲线

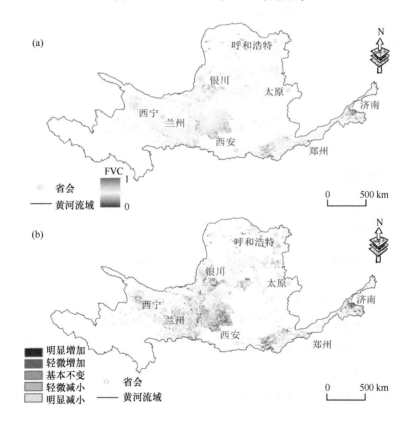

图 3.4　2020 年黄河流域人工林 FVC 制图(a)及 2000~2020 年变化趋势(b)

（3）NPP 现状及变化趋势

利用 NPP 对黄河流域森林资源的现状及变化趋势进行评估。2020 年黄河流域西南、东南地区天然林的 NPP 较高，而西北部分地区较低（图3.5a）。2000～2020 年黄河流域的 NPP 表现出增加趋势（图3.5b 和图3.6）。NPP 呈现增加趋势的面积占总林区面积的 92.28%，呈减少趋势的面积仅占总林区面积的 0.72%。

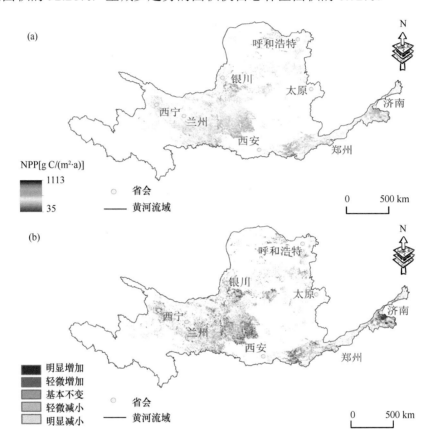

图3.5 2020 年黄河流域天然林 NPP 制图（a）及 2000～2020 年变化趋势（b）

2020 年黄河流域南部地区人工林的 NPP 较高，而北部部分地区较低（图3.7a）。2000～2020 年黄河流域的 NPP 表现出增加趋势（图3.7b 和图3.6）。NPP 呈现增加趋势的面积占总林区面积的 96.71%，呈减小趋势的面积仅占总林区面积的 0.50%。

2000～2020 年，黄河流域天然林和人工林的 FVC 及 NPP 均呈增加趋势，但人工林相较天然林森林质量还有较大提升空间。

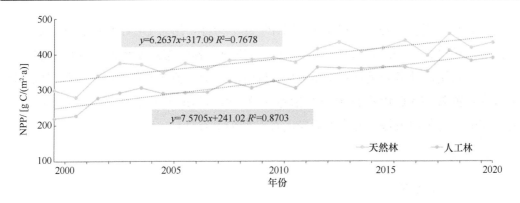

图 3.6　2000～2020 年 NPP 时间曲线

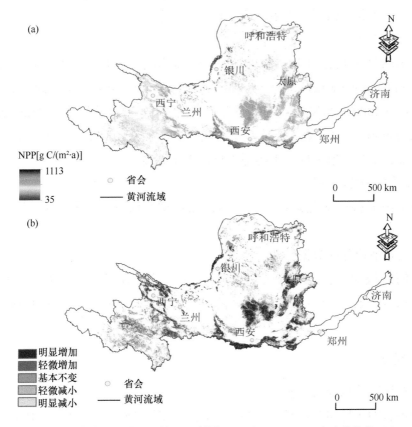

图 3.7　2020 年黄河流域人工林 NPP 制图（a）及 2000～2020 年变化趋势（b）

3.1.2　森林生态系统最大承载力及提升潜力

生态系统承载力是指在一定的自然环境条件下，某个个体存在数量的最大极限。

本研究分别使用森林覆盖、FVC 以及 NPP 三个指标，结合 DEM 数据、气象数据以及自然保护区、生态地理分区数据，对黄河流域森林生态系统承载力进行评估。

生态系统提升潜力是指对于承载力，现阶段与最大值之间的差距。本研究以黄河流域森林覆盖、FVC 以及 NPP 三个指标的最大值作为最大承载力，以 2020 年数据作为现状值，对黄河流域森林生态系统的提升潜力进行评估。

1. 数据

（1）DEM 数据

来源于美国地质勘探局（USGS）SRTM（https://lpdaac.usgs.gov/），空间分辨率为 30m。同时获取了相同分辨率的坡度和坡向数据。

（2）气象数据

包括年均气温数据（2000～2020 年），来源于美国国家海洋和大气管理局（NOAA）（https://www.ncei.noaa.gov/data/global-summary-of-the-day/archive/）；年均降水量数据（2000～2020 年），来源于中国气象局气象数据中心（http://data.cma.cn/site/index.html）。通过对累年值数据集进行空间插值，获取了黄河流域分别代表水分和热量的 2 个气象指标：平均降水量、平均温度。

（3）自然保护区数据

来源于国家科技基础条件平台——国家地球系统科学数据中心（http://www.geodata.cn）。

（4）生态地理分区数据

将黄河流域的生态地理分区划分为 5 类，结合生态地理分区数据及自然保护区数据分析人工林、天然林的最大承载力。生态地理分区和自然保护区如图 3.8 所示。

2. 研究方法

（1）森林覆盖承载力分析

基于现有的土地覆盖产品，构建出多源多时期土地覆盖产品中森林类别的最大范围，作为黄河流域承载的最大森林面积。

（2）最大承载力分析

本研究将自然保护区内的生态系统视为优良生态系统，将其作为同一生态地理分区的顶极生态本底，即与评估区地处同一生态地理分区的同一类型生态系统顶极群落所具有的生态状态（邵全琴等，2022）。地形位指数（terrain niche index，TNI）

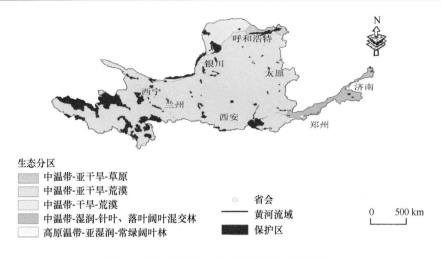

图 3.8   黄河流域生态地理分区及自然保护区

近年来被用于生态安全或生态风险评估，以探讨不同地形梯度的生态风险分异，目前也被引入植被覆盖评价中，作为影响植被覆盖的关键自然因素之一，可为评估植被恢复潜力提供数据支持（张玉和张道军，2022）。本研究首先构建了 TNI 模型，然后根据气温、降水、坡向和地形位指数等环境特征，对同一生态地理分区的研究区进行生境单元划分，接着基于 2000～2020 年的 FVC 以及 NPP 数据分别获取同一生态地理分区同一保护区中不同生境单元的最大值，根据"生境越相似的区域，植被恢复潜力越接近"原则，相似的生境条件应具有基本相同的 FVC 以及 NPP。为了避免统计偏差，本研究取 90%分位数的 FVC 最大值以及 NPP 最大值作为同一生态地理分区同一生境单元的最大承载力模拟值。最后将 2020 年的 FVC 数据以及 NPP 数据作为现状值，与最大承载力模拟值进行比较，若其小于现状值，则用现状值替代最大承载力模拟值，并得到最终的最大承载力数据。

TNI 模型：综合高程和坡度，形成一个复合的地形因子来衡量地形的综合影响。TNI 的计算公式见式（3.1），最终获得黄河流域 TNI 制图（图 3.9）。

$$\mathrm{TNI} = \lg\left[\left(\frac{E}{\overline{E}}+1\right)\times\left(\frac{S}{\overline{S}}+1\right)\right] \tag{3.1}$$

式中，E 为任一像元的高程；$\overline{E}$ 为研究区的平均高程；S 为任一像元的坡度；$\overline{S}$ 为研究区的平均坡度。

生境单元划分：本研究根据气温、降水、坡向和 TNI 等环境特征，对同一生态地理分区的研究区进行生境单元划分（Zhang *et al.*，2014）。对平均降水、平均温度、坡向和 TNI 生境因子进行重分类，基于二分位数，将水分、热量、TNI 分为高值和

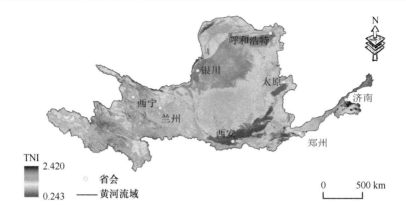

图 3.9　黄河流域 TNI 制图

低值；将坡向方位角在 0°～112.5°和 247.5°～360°的区域划分为阴坡，在 112.5°～247.5°的区域划分为阳坡。进一步对生境因子的组合类型进行编码（表 3.2），最终获取代表不同生境条件的 16 类生境单元（图 3.10）。

表 3.2　生境因子编码

热量	水分	坡向	地形位指数	生境编码
A	B	C	T	$A \times 10^3 + B \times 100 + C \times 10 + T$

注：A 取值 1、2 分别代表低热和高热；B 取值 1、2 分别代表少水和多水；C 取值 1、2 分别代表阴坡和阳坡；T 取值 1、2 分别代表高地和低地

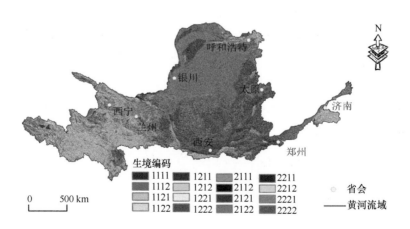

图 3.10　黄河流域生境单元划分

（3）森林覆盖提升潜力分析

以黄河流域承载的最大森林面积（$Forest_{max}$）为最大值，以 2020 年的森林面积（$Forest_{2020}$）为现状值，用最大值减去现状值再除以现状值得到森林覆盖提升潜力（$Forest_{Increase}$），见式（3.2）：

$$Forest_{Increase} = \frac{Forest_{max} - Forest_{2020}}{Forest_{2020}} \qquad (3.2)$$

（4）承载力提升潜力分析

分别以 2020 年的 FVC 和 NPP 为现状值（FVC_{2020} 和 NPP_{2020}），用最大值（FVC_{max} 和 NPP_{max}）减去现状值再除以现状值得到 FVC 和 NPP 提升潜力（$FVC_{Increase}$ 和 $NPP_{Increase}$），分别见式（3.3）和式（3.4）：

$$FVC_{Increase} = \frac{FVC_{max} - FVC_{2020}}{FVC_{2020}} \qquad (3.3)$$

$$NPP_{Increase} = \frac{NPP_{max} - NPP_{2020}}{NPP_{2020}} \qquad (3.4)$$

3. 结果分析

（1）森林覆盖最大承载力提升潜力

黄河流域森林覆盖最大承载力为 18.77%。由黄河流域的最大森林覆盖最大范围可以看出森林主要分布在东南、西南部分地区（图 3.11a）。黄河流域的森林覆盖还有提升潜力（图 3.11b），约为 6.28%，集中在青海东部、甘肃南部以及陕西大部分地区、山西东部地区。

（2）FVC 最大承载力及提升潜力

黄河流域天然林 FVC 最大承载力为 0.89，相较 2020 年的 FVC 还有约 15.58% 的提升潜力，西北部分地区天然林的 FVC 提升潜力较大，主要集中在宁夏北部以及内蒙古南部部分地区（图 3.12）。

黄河流域人工林 FVC 最大承载力为 0.88，还有约 35.38% 的提升潜力，西北及东南地区人工林的 FVC 提升潜力较大，主要集中在宁夏及内蒙古南部部分地区、山东西部部分地区（图 3.13）。

（3）NPP 最大承载力及提升潜力

黄河流域天然林 NPP 最大承载力为 652.53g C/(m^2·a)，还有约 51.10% 的提升潜力，西北部分地区天然林的 NPP 提升潜力较大，主要集中在宁夏北部以及内蒙古南部部分地区，东南部分地区的提升潜力相对较弱（图 3.14）。

黄河流域人工林 NPP 最大承载力为 542.08g C/(m²·a)，还有约 39.02%的提升潜力，西北部分地区人工林的 NPP 提升潜力较大，主要集中在宁夏及内蒙古南部部分地区，东南部分地区的提升潜力相对较弱（图 3.15）。

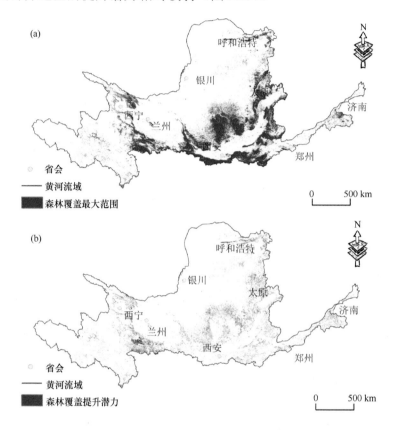

图 3.11　黄河流域森林覆盖最大范围（a）及提升潜力（b）

图 3.12 黄河流域天然林 FVC 最大承载力（a）及提升潜力（b）

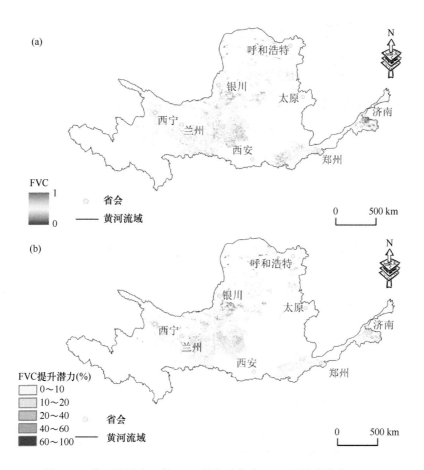

图 3.13 黄河流域人工林 FVC 最大承载力（a）及提升潜力（b）

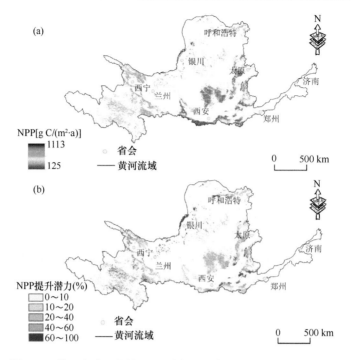

图 3.14　黄河流域天然林 NPP 最大承载力（a）及提升潜力（b）

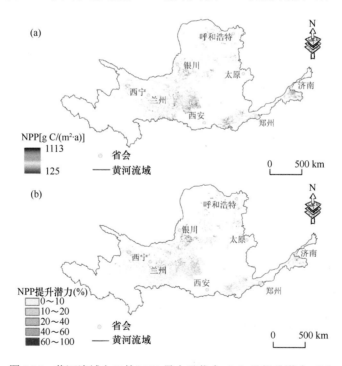

图 3.15　黄河流域人工林 NPP 最大承载力（a）及提升潜力（b）

表 3.3 黄河流域森林覆盖、FVC 及 NPP 提升潜力

类型	现状	最大承载力	提升潜力
森林覆盖	12.49%	18.77%	6.28%
天然林 FVC	0.77	0.89	15.58%
天然林 NPP	431.86g C/(m²·a)	652.53g C/(m²·a)	51.10%
人工林 FVC	0.65	0.88	35.38%
人工林 NPP	389.94g C/(m²·a)	542.08g C/(m²·a)	39.02%

4. 结论

本研究利用遥感手段分析了长时间序列的森林生态系统 FVC 及 NPP 的变化趋势，并将 TNI 指数引入森林生态系统承载力评估中，作为影响植被覆盖的关键自然因素之一，对黄河流域森林生态系统的承载力及恢复潜力进行评估和分析。主要结论如下。

1）黄河流域的森林覆盖呈现东南丰富密集、西北稀疏量少的特点，2020 年黄河流域的森林覆盖为 12.49%；近 20 年 FVC、NPP 整体呈增加趋势。

2）整体而言，黄河流域的森林覆盖、FVC 及 NPP 均有较大的提升潜力（表 3.3）。其中，森林覆盖有约 6.28%的提升潜力，天然林和人工林 FVC 分别有约 15.58%、35.38%的提升潜力，NPP 分别有约 51.10%、39.02%的提升潜力。说明黄河流域森林生态系统仍有较大的提升潜力。

3）在空间分布上，黄河流域的森林覆盖提升潜力区主要分布在东南、西南地区，集中在青海东部、甘肃南部以及陕西大部分地区、山西东部地区。天然林和人工林的 FVC 及 NPP 提升潜力区均集中在黄河流域西北部分地区，主要分布在宁夏北部以及内蒙古南部部分地区。

3.2 草原生态系统现状评估

3.2.1 草原生态系统现状及变化趋势

本研究分别使用植被覆盖度（FVC）以及净初级生产力（NPP）两个指标对黄河流域草原生态系统的现状及变化趋势进行评估。根据长时间序列遥感数据，利用生产时空一致性强的大区域高精度土地覆盖产品对黄河流域草地覆盖的变化进行全面监测和评估。提取黄河流域的草地数据，分别利用 FVC 以及 NPP 指标评估其现状及变化趋势。

1. 数据

（1）CAF-LC30 产品

为了构建黄河流域草原覆盖无云遥感数据集，利用 Landsat 地表反射产品，基于改进像元评价规则的遥感影像合成方法进行土地覆盖数据集构建。分别收集黄河流域 10 个时期的 4 套土地覆盖产品（Globeland30、GLC_FCS30、Chinacover、WorldCover），求取 2000～2020 年同类土地覆盖类型的交集区域，生成可信分类样本库。在样本库中按照逐瓦片（2.1°×2.1°）范围随机抽取分类样本，对抽取的样本进行随机森林分类，并采用规则约束的投票方法进行后处理分析。接着利用长时间序列连续变化检测算法对 2000～2020 年土地覆盖变化结果进行计算，并以 2020 年结果为基准对 2000 年和 2010 年数据进行一致性分析与更新，最终得到黄河流域的 2000 年、2010 年和 2020 年产品，即 CAF-LC30 产品。

（2）FVC 产品

综合 MODIS 植被指数产品数据和改进的像元二分模型生产的 FVC 产品数据，将每景 MODIS 影像分成 8×8 块，分块计算得到黄河流域草原的植被覆盖度产品。该产品的空间分辨率为 250m，时间分辨率为 1 年。

（3）NPP 产品

利用 MOD17A3HGF 数据分析得到黄河流域草原的 NPP 趋势及承载潜力产品。该产品空间分辨率为 500m，时间分辨率为 1 年，基于光能利用率模型生产。

2. 研究方法

采用 Theil-Sen Median 趋势分析与 Mann-Kendall 显著性检验相结合的方法，分析 2000～2020 年黄河流域草原的 FVC 和 NPP 变化趋势，分为明显增加、轻微增加、基本不变、轻微减小、明显减小 5 个等级（表 3.4）。

表 3.4 变化趋势分级

S	$\lvert Z\rvert$	趋势分类
$S \geqslant 0.0005$	$\lvert Z\rvert \geqslant 1.96$	明显增加
$S \geqslant 0.0005$	$\lvert Z\rvert \geqslant 1.96$	轻微增加
$-0.0005 < S < 0.0005$	$\lvert Z\rvert \geqslant 1.96$	基本不变
$S \leqslant -0.0005$	$\lvert Z\rvert \geqslant 1.96$	轻微减小
$S \leqslant -0.0005$	$\lvert Z\rvert \geqslant 1.96$	明显减小

注：S 表示 Theil-Sen Median 趋势的值，Z 表示 Mann-Kendall 显著性检验的值

3. 结果分析

（1）草原覆盖现状

黄河流域主要草原类型有高寒草地、典型草原和荒漠草原。2020 年黄河流域草原总面积为 40.7 万 km²，草原覆盖率为 49.90%，呈现西部、北部及中部丰富密集，东部稀疏量少的特点（图 3.16）。

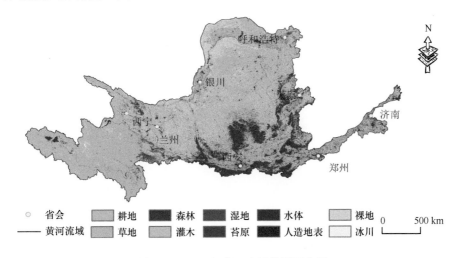

图 3.16　2020 年黄河流域草原覆盖图

（2）FVC 现状及变化趋势

2020 年黄河流域草原的 FVC 均值为 0.62，西部地区植被覆盖度较高，东部部分地区植被覆盖度较低（图 3.17a）。2000～2020 年黄河流域草原的 FVC 表现出增加趋势（图 3.17b、c 和图 3.18）。FVC 呈现增加趋势的面积占总草原面积的 78.12%，呈减小趋势的面积占总草原面积的 13.04%（图 3.17d）。2000～2020 年，黄河流域草原 FVC 明显增加（48.07%）和轻微增加（30.05%）的面积比例较高（图 3.19）。

（3）NPP 现状及变化趋势

2020 年黄河流域草原的 NPP 均值为 290g C/(m²·a)（图 3.20a），西部、中部地区较高，而东部地区较低（图 3.20a）。2000～2020 年黄河流域草原的 NPP 表现出增加趋势（图 3.20b、c 和图 3.18）。NPP 呈现增加趋势的面积占总草原面积的 93.71%，呈减小趋势的面积仅占总草原面积的 0.86%（图 3.20d）。2000～2020 年，黄河流域草原 NPP 明显增加（91.75%）的面积比例较高（图 3.19）。

3.2.2 草原生态系统最大承载力及提升潜力

生态系统承载力是指在一定的自然环境条件下，某个个体存在数量的最大极限。本研究分别使用 FVC 和 NPP 两个指标，结合 DEM 数据、气象数据以及自然保护区、生态地理分区数据，对黄河流域草原生态系统承载力进行评估。

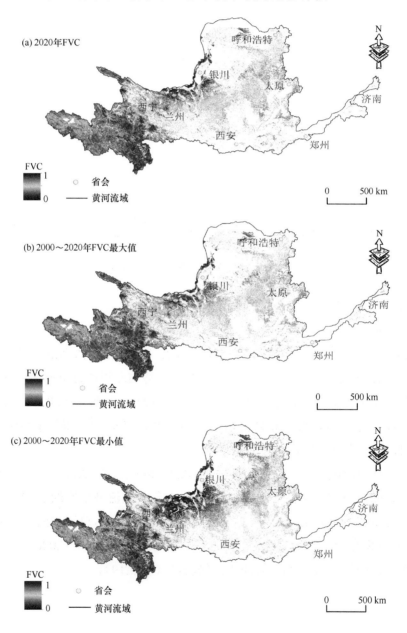

图 3.17　2020 年黄河流域草原 FVC 制图和 2000～2020 年 FVC 最大值、最小值及变化趋势

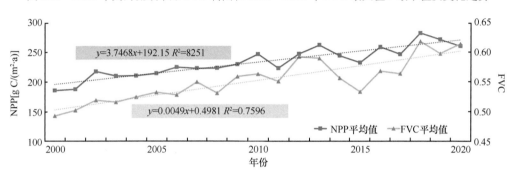

图 3.18　2000～2020 年黄河流域草原 FVC 和 NPP 时间曲线

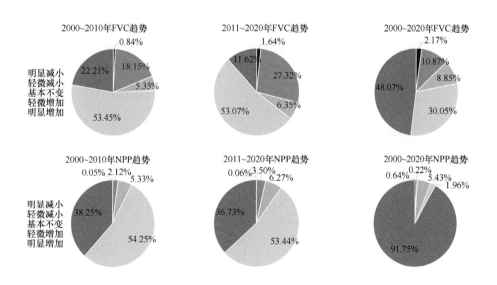

图 3.19　黄河流域草原 FVC 和 NPP 趋势分析

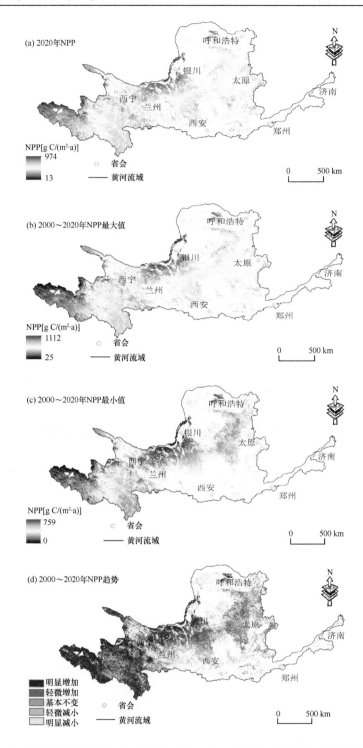

图 3.20　2020 年黄河流域草原 NPP 制图和 2000～2020 年 NPP 最大值、最小值及变化趋势

生态系统提升潜力是指对于承载力，现阶段与最大值之间的差距。本研究以黄河流域草原覆盖、FVC 以及 NPP 三个指标的最大值作为最大承载力，以 2020 年数据作为现状，对黄河流域草原生态系统的提升潜力进行评估。

1. 研究方法

（1）草原覆盖提升潜力分析

以黄河流域承载的最大草原面积为最大值（$Grassland_{max}$），以 2020 年的草原面积为现状值（$Grassland_{2020}$），用最大值减去现状值再除以现状值得到草原覆盖的提升潜力（$Grassland_{Increase}$），计算公式见式（3.5）。

$$Grassland_{Increase} = \frac{Grassland_{max} - Grassland_{2020}}{Grassland_{2020}} \tag{3.5}$$

（2）承载力提升潜力分析

分别以 2020 年的 FVC 和 NPP 为现状值（FVC_{2020} 和 NPP_{2020}），用最大值（FVC_{max} 和 NPP_{max}）减去现状值再除以现状值得到 FVC 和 NPP 的提升潜力（$FVC_{Increase}$ 和 $NPP_{Increase}$），计算公式分别见式（3.6）和式（3.7）。

$$FVC_{Increase} = \frac{FVC_{max} - FVC_{2020}}{FVC_{2020}} \tag{3.6}$$

$$NPP_{Increase} = \frac{NPP_{max} - NPP_{2020}}{NPP_{2020}} \tag{3.7}$$

2. 结果分析

（1）FVC 提升潜力

黄河流域草原 FVC 有 11.55% 的提升空间，西北部分地区提升潜力较大，主要集中在甘肃南部、内蒙古南部、陕西大部分地区和山西东部地区（图 3.21）。

（2）NPP 提升潜力

黄河流域草原 NPP 有约 23.45% 的提升空间，西部地区提升潜力较大（图 3.22）。

3. 结论

本研究利用遥感手段分析长时间序列的草原生态系统 FVC 及 NPP 的变化趋势，并将指数 TNI 引入草原生态系统承载力评估，作为影响植被覆盖的关键自然因素之一，对黄河流域草原生态系统的承载力及恢复潜力进行评估和分析。主要结论如下。

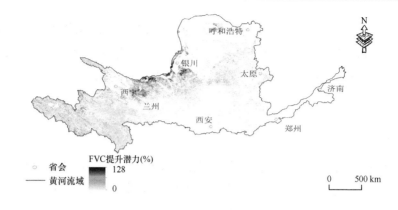

图 3.21　黄河流域草原 FVC 提升潜力

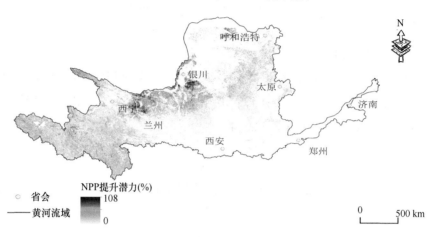

图 3.22　黄河流域草原 NPP 提升潜力

1）2020 年黄河流域草原总面积为 40.7 万 km²，草原覆盖率为 49.90%；近 20 年 FVC、NPP 整体呈增加趋势。

2）整体而言，黄河流域的草原 FVC 及 NPP 均有着较大的提升潜力。其中，FVC 有 11.55%的提升空间，NPP 有约 23.45%的提升空间，同时西北部分地区草原 FVC 和 NPP 提升潜力较大。

3.3　湿地生态系统现状评估

3.3.1　湿地生态系统承载力

承载力原为一个物理力学指标，是指物体在不发生破坏的情况下能承载的最大负荷量。20 世纪初期，承载力逐渐被引入人口学、环境学、生态学等研究领域。1921年，Park 在《社会学导论》中提出，在有条件限制的环境下，区域内的个体数量存在一个极限阈值，这首次明确提出了区域承载力的概念。20 世纪 80 年代，联合国教育、科学及文化组织（UNESCO）提出了"资源承载力"（resource carry capacity）的概念，而湿地生态系统承载力是承载力概念在湿地科学领域的移植与运用，是指在一定时期、一定条件下能保持系统结构和功能得以恢复或发展时，湿地生态系统对外部环境和承载客体所具有的承受能力。

3.3.2　黄河流域湿地生态系统承载力评估

1. 数据来源

《中华人民共和国湿地保护法》所指湿地是具有显著生态功能的自然的、常年或者季节性积水地带、水域，包括低潮时水深不超过 6m 的海域，但是水田以及用于养殖的人工水域和滩涂除外。黄河流域湿地主要包括黄河源区湿地、若尔盖草原区湿地、宁夏平原区湿地、内蒙古河套平原区湿地、毛乌素沙地区湿地、三门峡库区湿地、下游河道湿地、河口三角洲湿地。本研究以市为单位获取资源、环境要素数据，这些数据主要为 2020 年相关统计年鉴、政府门户网站、水利部黄河水利委员会、生态环境部、水利部等公开发布的数据以及国家基础地理信息中心和中国科学院资源环境科学与数据中心的数据。

本研究从黄河流域湿地水资源、土地资源、水环境、生物资源等多方面入手，分析了湿地生态系统的承载力，采用分级评价方法，建立了分级评价指标和承载模式，评价了湿地生态系统的生态弹性度、资源承载力与环境承载力（图 3.23）。

利用层次分析法确定承载模型的权重，计算得出的排序权值具有结果稳定、计算精度高的特点。将结果应用到湿地生态系统承载力的综合评价中，得到 2020 年黄河流域的湿地生态系统承载力水平。

2. 评估指标体系

黄河流域湿地生态系统承载力可分为两部分，即承载媒体与承载对象。承载媒体的客观承载力包括湿地生态系统自我维持、自我调节及抵抗各种压力与扰动的能力及资源与环境承载力。因此，湿地生态系统承载力综合评价可分为生态弹性度、资源承载力和环境承载力三个方面（图 3.24）。

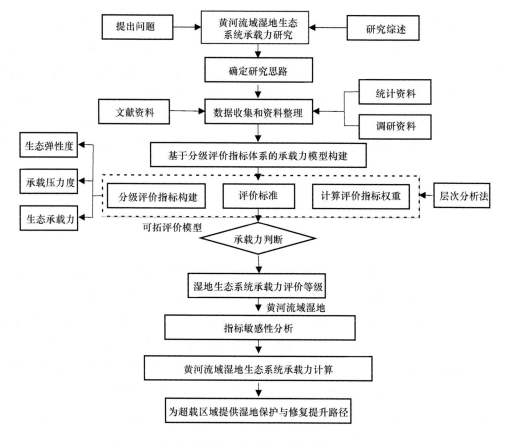

图 3.23　黄河流域湿地生态系统承载力综合评估技术路线

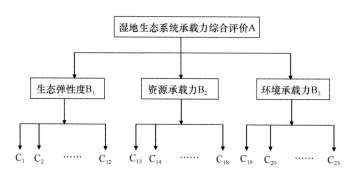

图 3.24　黄河流域湿地生态系统承载力综合评估指标体系框架

（1）生态弹性度 B_1

湿地生态系统的生态弹性度是其承载力的稳定条件，为人类的生存与发展奠定了基础，并且提供了相对稳定的生态环境，既可以缓解各种压力与干扰的破坏而保持系统不崩溃，又可以最大限度地保障资源与环境承载力的正常调节与功能发挥。影响生态系统生态弹性度的主要因子涉及气候、生态系统、水文 3 个方面（图 3.25）。

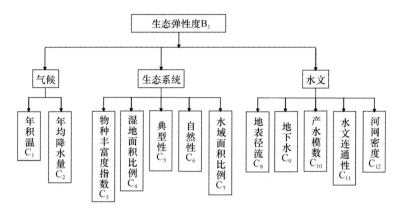

图 3.25　生态弹性度评估指标结构

年积温 C_1：指一年内逐日平均温度累加之和，是研究温度与生物有机体发育速度之间关系的一种指标，从强度和作用时间两个方面反映温度对生物有机体生长发育的影响，是植被物候最主要的控制因子，一般以℃为单位。数据来源于各市气象部门。依据我国积温带划分标准，热带地区积温≥8000℃，亚热带地区 4500～8000℃，暖温带地区 3400～4500℃，中温带地区 1600～3400℃，寒温带地区＜1600℃。

年均降水量 C_2：指一年内降落到水平面上的假定无渗漏、不流失也不蒸发的累计水深度，一般以 mm 为单位。数据来源于各市水资源公报。依据我国降水带划分，非常湿润区年降水量＞1600mm，湿润区 800～1600mm，半湿润区 400～800mm，半干旱区 200～400mm，干旱区＜200mm。

物种丰富度指数 C_3：指单位面积不同生态系统类型在生物物种数量上的差异，间接反映被评价区域内生物的丰贫程度。数据来源于中国 1km 生物丰度指数数据集。

湿地面积比例 C_4：指湿地面积与区域总面积的比例。湿地面积的大小对其涵养水源、调节气候、改善环境、维护生物多样性等生态功能的发挥具有直接的影响。数据来源于第三次全国国土调查。

典型性 C_5：湿地类型分类来源于国家标准《湿地分类》（GB/T 24708—2009），典型性为一定性指标，根据专家意见进行湿地典型性的定性评价。

自然性 C_6：定性指标，根据专家意见进行湿地自然性的定性评价。

水域面积比例 C_7：指水域面积占区域总面积的比例。数据来源于第三次全国国土调查。

地表径流 C_8：指生成于地面并沿地面流入某一过水断面的水流量。湿地通过水文过程与降水、地表径流、地下水、潮流等进行能量和营养物交换。数据来源于各市水资源公报。

地下水 C_9：指地下含水层中的水。含水层是由岩石、沙子和砾石组成的地质构造，含有大量的水。地下水是泉水、河流、湖泊和湿地的水源，并渗入海洋。数据来源于各市水资源公报。

产水模数 C_{10}：指区域水资源总量与地区总面积之比。数据来源于各市水资源公报。

水文连通性 C_{11}：是反映流域水生态过程的关键指标，本研究以形态学空间格局分析（MSPA）值来表示。

河网密度 C_{12}：指流域内干流总河长与流域面积之比，能够反映一个地区河网的疏密程度。数据来源于第三次全国国土调查中的河流长度测算。

（2）资源承载力 B_2

湿地生态系统的资源供给能力是其承载力的基础条件，为人类的生存与发展提供了物质基础，是生态系统可持续发展的物质保障，大小取决于生态系统中资源的丰富度、人类对资源的需求、人类对资源的利用方式以及人类的生产和生活方式。湿地生态系统的资源承载力评估指标结构见图 3.26。

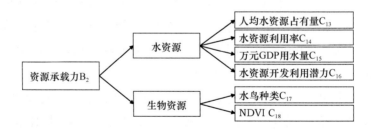

图 3.26　资源承载力评估指标结构

人均水资源占有量 C_{13}：指在一个地区（流域）内，某一个时期平均每个人占有的水资源量，是反映湿地系统用水压力的指标。数据来源于各市水资源公报与统计公报。世界人均水资源占有量为 $8800m^3$，我国人均水资源占有量为 $2090m^3$。

水资源利用率 C_{14}：指流域或区域用水量占水资源总量的比例，反映湿地内水资源的利用情况。数据来源于各市水资源公报。

万元 GDP 用水量 C_{15}：用总用水量（单位：m^3）除以总 GDP（单位：万元）得出。数据来源于各市社会经济发展公报。

水资源开发利用潜力 C_{16}：以当地地表水供水量与当地地表水资源量的比值来表示，是反映湿地内水资源利用情况的指标。数据来源于各市水资源公报。

水鸟种类 C_{17}：湿地内水鸟种类。数据来源于各市统计及相关自然保护区规划等。

归一化植被指数（NDVI）C_{18}：是反映植被生长状况的重要参数之一。数据来源于中国年度 1km 植被指数空间数据集。

（3）环境承载力 B_3

湿地生态系统的纳污能力是其承载力的约束条件，为人类的生存与发展提供了环境基础，为生态系统的可持续发展提供了环境保障。湿地生态系统的环境承载力评估指标结构见图 3.27。

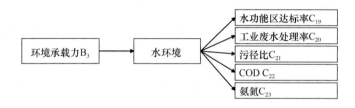

图 3.27　环境承载力评估指标结构

水功能区达标率 C_{19}：指水功能区监测断面水质达标次数之和与断面监测总次数的比值。数据来源于各市环境质量公报。

工业废水处理率 C_{20}：指工业废水处理量占需要处理工业废水量的比例。数据来源于各市环境质量公报。

污径比 C_{21}：指污水排入量与河流径流量之比。数据来源于各市环境质量公报和水资源公报。

化学需氧量（COD）C_{22}：指以化学方法测量的水样中需要被氧化的还原性物质的量，是反映水体污染情况的重要指标之一。数据来源于各市环境质量公报。

氨氮 C_{23}：指以氨或铵离子形式存在的化合氮，是反映水体污染情况的重要指标之一。数据来源于各市环境质量公报。

3. 评估权重与评估分级

（1）评估模型

模糊综合评价法是一种基于模糊数学的综合评价方法，通过精确的数字手段处理模糊的评价对象，能对蕴藏信息呈现模糊性的资料作出比较科学、合理、贴近实际的量化评价，把定性评价转化为定量评价，具有结果清晰、系统性强的特点。具体评估模型为

$$\gamma = \alpha \cdot \beta \qquad (3.8)$$

式中，γ 为生态系统承载力评价值；α 为生态系统承载力评价指标权重矩阵；β 为各评价要素对各级评价标准的评价矩阵。

（2）评估权重矩阵

层次分析法（analytic hierarchy process，AHP）是美国运筹学家 A. L. Saaty 于 20 世纪 70 年代提出的对方案的多指标系统进行分析的一种层次化、结构化决策方法，其将决策者对复杂系统的决策思维过程模型化、数量化。应用这种方法，决策者按支配关系将复杂问题分解为若干层次和若干因素，通过两两比较的方式确定诸要素的相对重要性，然后综合人的判断来确定诸要素相对重要性的顺序。

本研究依据 AHP 的要求，基于评价指标体系，对各评价指标通过两两比较给出每一层相对于上一层的重要性以及各层之间的相对重要性判断值，依此构建判断矩阵，经过计算机数据处理进行层次单排序和层次总排序，得到各因素权重值，结果如表 3.5 所示。

表 3.5　黄河流域湿地生态系统承载力评价权重矩阵

项目层	指标分类	指标层	权重
	气候	年积温 C_1	0.0406
		年均降水量 C_2	0.0823
		物种丰富度指数 C_3	0.0408
		湿地面积比例 C_4	0.0555
	生态系统	典型性 C_5	0.0525
		自然性 C_6	0.0483
生态弹性度		水域面积比例 C_7	0.0525
		地表径流 C_8	0.0289
		地下水 C_9	0.0371
	水文	产水模数 C_{10}	0.0314
		水文连通性 C_{11}	0.0178
		河网密度 C_{12}	0.0221
		人均水资源占有量 C_{13}	0.0250
资源承载力	水资源	水资源利用率 C_{14}	0.0246
		万元 GDP 用水量 C_{15}	0.0305
		水资源开发利用潜力 C_{16}	0.0274

续表

项目层	指标分类	指标层	权重
资源承载力	生物资源	水鸟种类 C_{17}	0.0373
		NDVI C_{18}	0.0423
环境承载力	水环境	水功能区达标率 C_{19}	0.0619
		工业废水处理率 C_{20}	0.0546
		污径比 C_{21}	0.0470
		COD C_{22}	0.0799
		氨氮 C_{23}	0.0595

（3）评估分级

将黄河流域湿地生态系统承载力各指标的评分划为 5 个等级，即 100、80、60、40、20，各指标分级标准如表 3.6 所示。

表 3.6　黄河流域湿地生态系统承载力评价指标分级标准

指标	评分 100	评分 80	评分 60	评分 40	评分 20
年积温 C_1（℃）	>8000	4500~8000	3400~4500	1600~3400	<1600
年均降水量 C_2（mm）	>1600	800~1600	400~800	200~400	<200
物种丰富度指数 C_3	>80	60~80	40~60	20~40	<20
湿地面积比例 C_4（%）	>20	10~20	5~10	1~5	<1
典型性 C_5	定性评价为 5	定性评价为 4	定性评价为 3	定性评价为 2	定性评价为 1
自然性 C_6	定性评价为 5	定性评价为 4	定性评价为 3	定性评价为 2	定性评价为 1
水域面积比例 C_7（%）	>20	10~20	5~10	1~5	<1
地表径流 C_8（亿 m^3）	>100	50~100	10~50	1~10	<1
地下水 C_9（亿 m^3）	>100	50~100	10~50	1~10	<1
产水模数 C_{10}（万 m^3/km^2）	>60	35~60	20~35	15~20	<15
水文连通性 C_{11}	>0.8	0.6~0.8	0.4~0.6	0.2~0.4	<0.2
河网密度 C_{12}（km/km^2）	>3.0	2.0~3.0	1.0~2.0	0.4~1.0	<0.4
人均水资源占有量 C_{13}（m^3）	>8800	2090~8800	1000~2090	500~1000	<500
水资源利用率 C_{14}（%）	<1	1~10	10~40	40~80	>80
万元 GDP 用水量 C_{15}（m^3/万元）	<24	24~60	60~140	140~220	>220
水资源开发利用潜力 C_{16}	定性评价为 5	定性评价为 4	定性评价为 3	定性评价为 2	定性评价为 1
水鸟种类 C_{17}	>200	100~200	50~100	10~50	<10
NDVI C_{18}	>0.8	0.6~0.8	0.4~0.6	0.2~0.4	<0.2
水功能区达标率 C_{19}（%）	>90	80~90	70~80	60~70	<60
工业废水处理率 C_{20}（%）	>80	70~80	60~70	45~60	<45
污径比 C_{21}（%）	<1	1~2	2~5	5~10	>10
COD C_{22}（mg/L）	<15	15~20	20~30	30~40	>40
氨氮 C_{23}（mg/L）	<0.15	0.15~0.5	0.5~1.0	1.0~1.5	>1.5

按照评分,可将黄河流域湿地生态系统承载力分为"优""良""中""差"4个等级(表3.7)。

表3.7　湿地生态系统承载力分级评价表

指标	<45	45~60	61~75	>75
承载力	差	中	良	优

4. 评估结果

黄河流域所涉及的76个市(州)的湿地生态系统承载力评价结果表明,所有市(州)的湿地生态系统承载力评分为49.92~79.49,平均为61.65,等级为"良",表明黄河流域湿地生态系统承载力总体较好(图3.28),评分频率分析见图3.29。

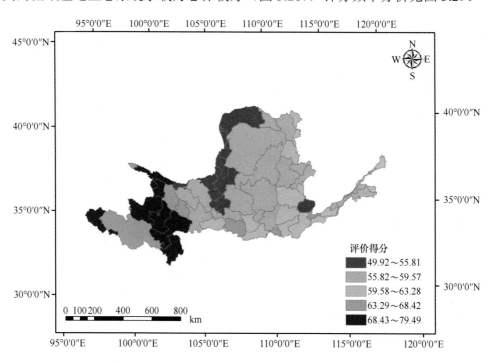

图3.28　黄河流域湿地生态系统承载力评价得分

黄河流域上游源区评分明显高于其他地区,其次为下游地区,宁夏平原、河套平原及黄土高原等地区评分较低。其中,等级为"优"的市(州)有2个,分别为阿坝藏族羌族自治州和甘孜藏族自治州,等级为"良"的市(州)有42个,等级为"中"的市(州)有32个(图3.30)。

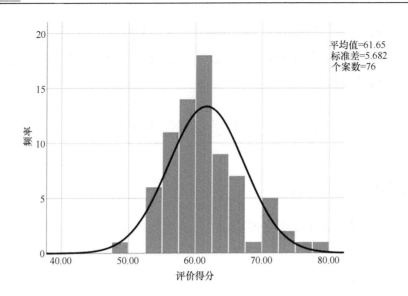

图 3.29　黄河流域湿地生态系统承载力评分频率分析

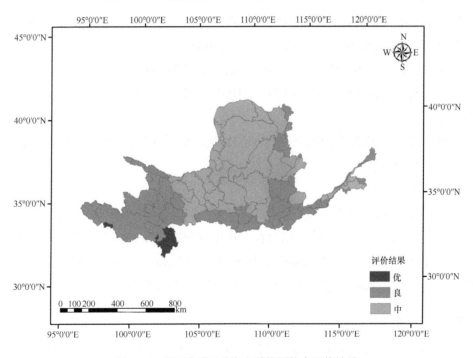

图 3.30　黄河流域湿地生态系统承载力评价结果

就整个黄河流域来看，湿地生态系统承载力较好的区域主要分布于上游源区，宁夏平原和河套灌区及中下游地区的承载力则较为一般，主要是由于中下游工农业发达，人口相对密集，特别是因为矿产开发、水资源过度利用、污染负荷过大，亟待提升水质，加之点源面源污染大，生态需水量较大，整体对中下游湿地生态系统承载力产生较大压力。

3.4 荒漠生态系统现状评估

3.4.1 荒漠生态系统现状

黄河流域荒漠生态系统主要指区域内不能承载森林、草原和湿地的其他陆上生态系统。

1. 数据来源和研究方法

（1）数据来源

本研究所用土地覆盖数据来自欧洲航天局（ESA）WorldCover 10m 2020 产品，代表 2020 年的土地覆盖情况，空间分辨率为 10m，共 11 种土地覆盖类别。

2000～2020 年净初级生产力（NPP）数据来自 MOD17A3HGF 产品，为给定年份的所有 8 天净光合作用产品 MOD17A2HGF 数据之和，空间分辨率为 500m，时间分辨率为 1 年。

2000～2020 年植被覆盖数据来自 MOD13Q1 V6 数据集，空间分辨率为 250m，时间分辨率为 16 天。

（2）研究方法

本研究的对象为 ESA 土地覆盖类别中的裸地和稀疏植被分布地，定义为无植被覆盖的地面、沙漠或岩石土地，以及在一年中任何时候植被覆盖率都不超过 10% 的地区（即荒漠生态系统）。所用数据从基于 Google Earth Engine（GEE，https://code.earthengine.google.com/）的遥感数据处理平台进行下载和处理。

2. FVC 计算

FVC 常用于表征地表植被覆盖情况。利用 MODIS 植被指数产品数据，基于像元二分模型进行地表植被覆盖度的反演。大多数研究以 5% 和 95% 置信度截取 NDVI 的上、下限阈值来分别代表 $NDVI_{soil}$ 和 $NDVI_{veg}$，FVC 计算公式见式（3.9）。

$$FVC = \frac{NDVI - NDVI_{soil}}{NDVI_{veg} - NDVI_{soil}} \qquad (3.9)$$

式中，FVC 表示植被面积占总像元面积的比例，其值介于 0～1；$NDVI_{soil}$ 表示无植被覆盖时的 NDVI 值；$NDVI_{veg}$ 表示纯植被覆盖时的 NDVI 值，其中裸地像元 $NDVI_{soil}$ 和 $NDVI_{veg}$ 的理论值应分别接近 0 和 1。大多数文献中以当年 NDVI 累计频率的 5% 和 95% 分别作为当年的 $NDVI_{soil}$ 和 $NDVI_{veg}$。

3. 趋势分析

采用 Theil-Sen Median 趋势分析与 Mann-Kendall 显著性检验相结合的方法，分析 2000～2020 年黄河流域荒漠的 FVC 和 NPP 变化趋势，分为明显增加、轻微增加、基本不变、轻微减小、明显减小 5 个等级（表 3.8）。

表 3.8　变化趋势分级

$|\beta|$	$|Z|$	趋势分类
$\beta \geq 0.0005$	$|Z| \geq 1.96$	明显增加
$\beta \geq 0.0005$	$|Z| \geq 1.96$	轻微增加
$-0.0005 < \beta < 0.0005$	$|Z| \geq 1.96$	基本不变
$\beta \leq -0.0005$	$|Z| \geq 1.96$	轻微减小
$\beta \leq -0.0005$	$|Z| \geq 1.96$	明显减小

注：β 表示 Theil-Sen Median 趋势的值，Z 表示 Mann-Kendall 显著性检验的值

Theil-Sen Median 趋势分析的计算公式见式（3.10）。

$$\beta = \text{Median}\left(\frac{x_i - x_j}{i - j}\right) \qquad (3.10)$$

式中，$1 < j < i < n$（n 为数据集的样本总数 21）；β 为 FVC 或 NPP 的时间变化趋势，其值为 $\frac{n(n-1)}{2}$ 个数据组合的斜率的中位数；x_i 和 x_j 分别表示 i 和 j 时刻的 FVC 或 NPP。当 $\beta > 0$ 时，表明 FVC 和 NPP 呈上升趋势；当 $\beta < 0$ 时，表明 FVC 和 NPP 呈下降趋势。

Mann-Kendall 是一种非参数统计检验方法，采用检验统计量 Z 进行趋势检验，取显著性检验水平 α 为 0.05，其中 $Z_{(1-\alpha)/2}$ 为标准正态方差，$Z_{(1-\alpha)/2} = Z_{0.975} = 1.96$。计算公式如下：

$$Z = \begin{cases} \dfrac{S-1}{\sqrt{\mathrm{Var}(S)}}, & S > 0 \\[3mm] 0, & S = 0 \\[3mm] \dfrac{S+1}{\sqrt{\mathrm{Var}(S)}}, & S < 0 \end{cases} \qquad (3.11)$$

$$S = \sum_{i=1}^{n-1} \sum_{j=i+1}^{n} \mathrm{sgn}\left(x_j - x_i\right) \qquad (3.12)$$

式中，S 为用于确定趋势方向的统计量；x_j、x_i 分别为第 j、i 年对应的观测值，且 $i < j$；sgn 为符号函数，其定义如下：

$$\mathrm{sgn}(\theta) = \begin{cases} 1, & \theta > 0 \\ 0, & \theta = 0 \\ -1, & \theta < 0 \end{cases}$$

$$\mathrm{sgn}(x_j - x_i) = \begin{cases} 1, & x_j - x_i > 0 \\ 0, & x_j - x_i = 0 \\ -1, & x_j - x_i < 0 \end{cases} \qquad (3.13)$$

$$\mathrm{Var}(S) = \frac{1}{18}\left[n(n-1)(2n+5) - \sum_t f_t\left(f_t - 1\right)\left(2f_t + 5\right) \right] \qquad (3.14)$$

式中，$\mathrm{Var}(S)$ 为方差；t 为数据中重复出现的数组个数；f_t 是第 t 组重复数据组中的重复数据个数。

3.4.2 荒漠生态系统空间现状

1. 分布现状

经统计，黄河流域裸地和稀疏植被分布地约为 $1.1 \times 10^5 \mathrm{km}^2$，约占流域总面积的 13.78%，分布较为广泛，黄河"几字弯"区较为集中（图 3.31）。

2. FVC 现状及变化趋势

利用 FVC 对黄河流域荒漠生态系统的植被覆盖现状及变化趋势进行评估。2020 年黄河流域荒漠面积约为 $6.97 \times 10^4 \mathrm{km}^2$，主要分布在西北部分地区（图 3.32a）。2000～2020 年黄河流域荒漠 FVC 大致呈基本不变和增加趋势（图 3.32b 和图 3.33）。FVC

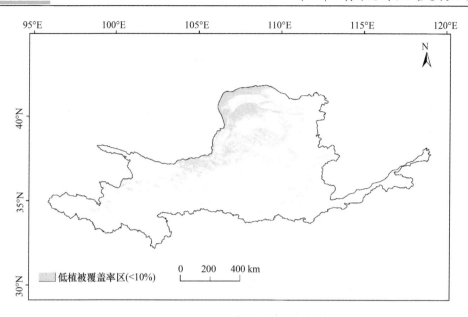

图 3.31 黄河流域荒漠分布区域

呈现增加趋势的面积占研究区面积的 16.28%，主要分布在宁夏北部和中部部分地区；呈现减小趋势的面积占研究区面积的 9.88%；呈现基本不变趋势的面积占研究区面积的 73.84%，主要分布在内蒙古南部和中部部分地区。

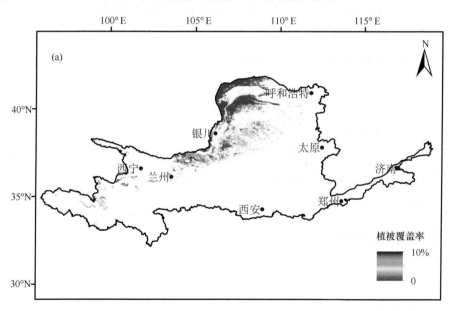

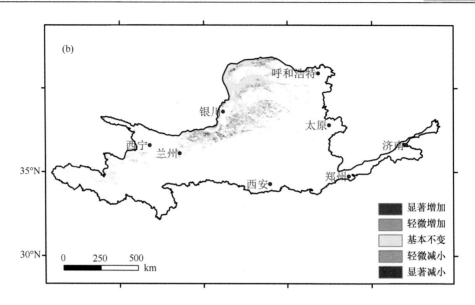

图 3.32　2020 年黄河流域荒漠 FVC 现状（a）及 2000～2020 年变化趋势（b）

3. NPP 现状及变化趋势

利用 NPP 对黄河流域荒漠生态系统的植被覆盖现状及变化趋势进行评估。2020 年黄河流域荒漠的 NPP 呈西北低、东南高的趋势（图 3.33a）。2000～2020 年黄河流域荒漠 NPP 表现出增加趋势（图 3.33b 和图 3.34）。NPP 呈现增加趋势的面积占研究区面积的 76.14%，主要分布在宁夏和陕西西北部以及内蒙古中部部分地区；呈现减小趋势的面积占研究区面积的 1.92%；呈现基本不变趋势的面积占研究区面积的 21.93%。

2000～2020 年，黄河流域荒漠的 FVC 和 NPP 总体均呈基本不变或波动增加趋势，NPP 增加趋势较为显著（R^2=0.8594）（图 3.34）。

基于 2000～2020 年黄河流域荒漠的 FVC 数据可知，21 年间研究区 FVC 小于 10% 的区域最大面积出现在 2000 年，约为 $7.5×10^4 km^2$，最小面积出现在 2019 年，约为 $6.3×10^4 km^2$（图 3.35）。

3.4.3　潜在荒漠化区域

1. 数据来源和研究方法

（1）数据来源

本研究所用的 1991～2020 年降水量和潜在蒸散发数据来自 TerraClimate 数据

集，该数据集是长时间序列的高分辨率全球陆地表面气候和气候水平衡数据集，空间分辨率为 1/24°，时间分辨率为月。

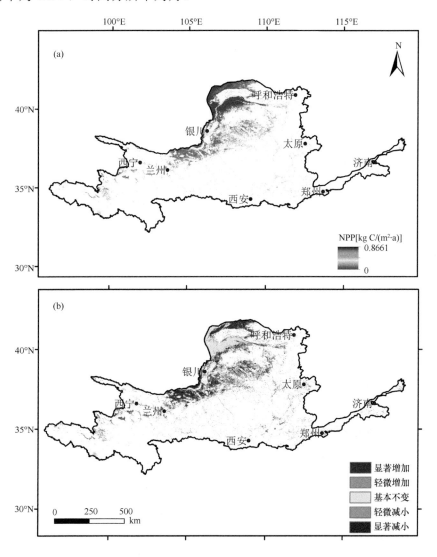

图 3.33　2020 年黄河流域荒漠 NPP 现状（a）及 2000～2020 年变化趋势（b）

（2）研究方法

《联合国关于在发生严重干旱和/或荒漠化的国家特别是在非洲防治荒漠化的公约》（简称《公约》）提到，"荒漠化"是指包括气候变异和人类活动在内的种种因素造成的干旱、半干旱和亚湿润干旱地区的土地退化。《公约》将"干旱、半干旱和亚湿润干旱地区"定义为年降水量与潜在蒸散发比在 0.05～0.65 的地区，但不包括极

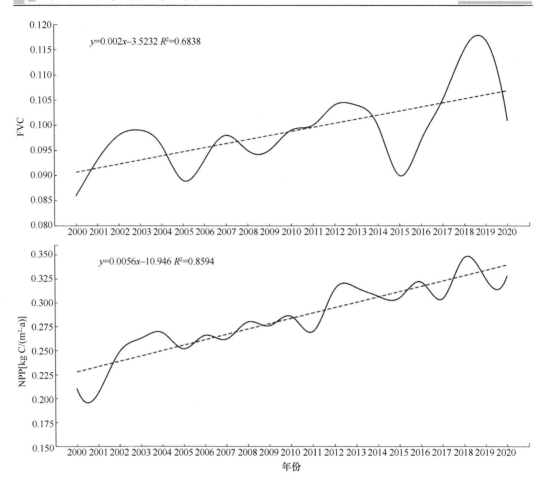

图 3.34　2000～2020 年黄河流域荒漠 FVC 及 NPP 的时间曲线

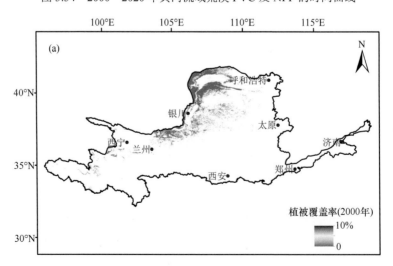

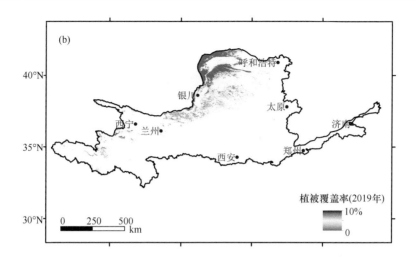

图 3.35　黄河流域荒漠 2000 年 FVC 最大面积（a）和 2019 年 FVC 最小面积（b）制图

区和副极区。根据《世界荒漠化地图集》（第三版）中干旱指数 AI（aridity index）的计算方法，计算黄河流域的干旱指数，如式（3.15）所示。

$$AI = \frac{\sum_{i=1}^{30}\left(\dfrac{P_i}{PET_i}\right)}{30} \tag{3.15}$$

式中，i 表示时间；P 表示年降水量的累加（mm）；PET 表示年潜在蒸散量的累加（mm）。

将 AI 小于 0.05 的地区定义为极端干旱区，AI 介于 0.05～0.2 的地区定义为干旱区，AI 介于 0.2～0.5 的地区定义为半干旱区，AI 介于 0.5～0.65 的地区定义为亚湿润干旱区。

2. 荒漠化潜在风险区

荒漠化潜在风险区为干旱指数在 0.05～0.65 的区域，其中干旱区为荒漠化潜在高风险区，半干旱区为荒漠化潜在中风险区，亚湿润干旱区为荒漠化潜在低风险区。分析结果显示（图 3.36），黄河流域荒漠化潜在风险区约为 $5.5\times10^5\text{km}^2$，约占流域总面积的 67.56%。其中，中风险区面积最大，约为 37.79%，大致分布在黄河流域的北部和中部；高风险区约为 7.1%，主要分布在黄河流域的东北部；低风险区约为 22.67%，大致分布在黄河流域的南部和东部地区。

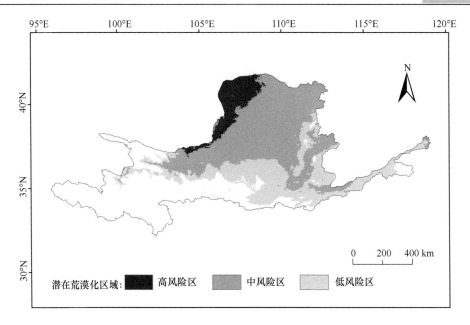

图 3.36   黄河流域荒漠化潜在风险区

第4章 基于自然的林草植被承载力理论依据和实验实证

4.1 植被承载力内涵/概念

4.1.1 植被承载力定义与特点

承载力（carrying capacity）是指物体在不发生任何破损时所能承受的最大负荷，是一个力学概念。在生态学中承载力一般被定义为"某一生境（habitat）所能支持的某一物种的最大数量"（Odum，1972；龙腾锐和姜文超，2003），如在种群生态理论中，常用承载力表达某一区域生物区系内的各种资源（光、热、水）能维持的某一生物种群生存的最大数量（邵明安等，2010）。20世纪60年代以后，随着人口、资源和环境问题日趋严重，承载力成为一个探讨可持续发展问题所不可回避的概念，出现了环境承载力、生态承载力、土地资源承载力、水资源承载力等一系列概念，并用于指导解决社会经济发展中遇到的诸多问题。

与黄河流域高质量发展密切相关的主要承载力是林草植被水资源承载力（water resources carrying capacity，WRCC）。水资源承载力是承载力概念与水资源领域的自然结合，目前有关研究主要集中在我国，国外专门的研究较少，但我国在概念上主要借鉴了联合国粮食及农业组织（FAO）和UNESCO对资源承载力的定义，在量化方法上则吸收了《增长的极限》提出的系统动力学方法（龙腾锐等，2004）。总体而言，承载力与自然资源禀赋、技术手段、社会选择和价值观念等密切相关，具有时空动态性、复杂性，目前尚无公认的定义和认识。根据林草水分自然供给来源或承载体（平台），林草植被水资源承载力可分为土壤水分承载力、降水水分承载力。

土壤水分是植物根系吸水用于蒸腾来维持生命的直接来源。土壤水分承载力是土地植被承载力的一个特殊类型（曲仲湘，1983）。对于常年雨量大且季节分配合理或是地下水位较高的地区，水分不是植物生长的限制因子。对于雨量稀少、土壤水分补给能力有限的地区，土壤水分不能满足高郁闭度和高生产力的林分正常生长与发育的需求，成为植物生长的限制因子，其土地植被承载力实质上就是基于水分供求关系的土壤水分承载力。郭忠升和邵明安（2003）将土壤水分承载力定义为：土壤水分紧缺地区补充到土壤的部分雨水所能承载的最大植物负荷，即在较长时期的现有条件下，当根层土壤水分消耗量等于或小于降水补给量时所能维持特定植物群落健康生长的最大密度。但由于土壤水分时空异质强，并受植被生长、气候变化、土壤类型等多因子共同影响，其与植被生长（密度、生物量）具有耦合关系，而且受监测技术条件限制，目前还难以实现多尺度精准监测森林土壤水分，因此土壤水分承载力用于指导生产实践时可操作性相对较差。

相对土壤水分，降水监测技术成熟、可靠，数据具有可比性，一直是气候区划的重要依据，也是黄河流域林草生态系统水分的"唯一"供给来源、渠道。降水是土壤水分承载力的物质基础，因此确定土壤水分植被承载力时，需事先量化土壤-植被-大气连续体（SPAC）四水（降水、土壤水分、地下水、地表水）的转换关系。为兼顾科学性、直观性与可操作性，在黄河流域宜选择可利用降水作为承载体来计算水分植被承载力。

另外，水分植被承载力的目标物表征指标至今尚未完全统一，研究案例常采用的指标主要包括：覆盖度、生产力或生物量、植被密度。其中，植被密度具有直观、便于生产应用等优点。

4.1.2 黄河中游林草植被承载力研究案例

1. 基于水分供求关系的黄河中游林草植被承载力

在树种或林分尺度上，刘广全等（2010）在陕西吴起以密度为目标物表征指标，测算了河北杨、小叶杨、山杏、山桃、柠条和沙棘 6 个树种的水资源承载力，分别为 196 株/hm²、332 株/hm²、332 株/hm²、872 株/hm²、757 丛/hm²、1438 丛/hm²。毕华兴等（2007）在山西吉县的测算表明，土壤水分可承载的油松、刺槐适宜覆盖率分别为 53.82%、51.30%；茹豪等（2015）研究表明，20 年林龄油松人工林水资源承载力为 1084 株/hm²。张永涛和杨吉华（2003）研究认为，448mm 降水量条件下黄土高原 10 年生侧柏最大造林密度为 2004 株/hm²，合理密度为 1856 株/hm²。韩磊（2011）研究表明，黄土半干旱区 17 年生侧柏和油松的理论密度分别为 3236 株/hm²、1689 株/hm²。曹奇光（2007）基于土壤水分平衡原理研究表明，晋西黄土区 13 年生刺槐林合理密度为 1514 株/hm²。

在站点尺度上，焦醒等（2014）根据自然降水量与植被蒸散量计算了黄土高原

62 个观测站点的林草植被理论覆盖率，认为阔叶林、针叶林和草地的覆盖率分别为 13%~65%、12%~61%、7%~51%（表 4.1）。刘建立等（2009）计算得出，黄土高原六盘山北段阴坡、阳坡可承载的叶面积指数分别为 2.79、0.58。

表 4.1　不同植被类型带的理论植被覆盖率（焦醒等，2014）

植被类型带	年均降水量（mm）	理论植被覆盖率（%）			
		阔叶林	针叶林	草地	经济林
森林地带	550~650	44.50~59.18	40.49~60.34	29.26~50.94	47.00~64.37
森林草原地带	450~550	38.29~64.94	37.43~56.56	24.44~47.87	42.35~62.58
典型草原地带	300~450	28.02~50.32	28.50~46.04	15.30~34.72	31.45~51.43
荒漠草原地带	0~300	13.75~26.59	12.81~26.64	7.18~16.31	16.35~29.68

在区域尺度上，徐学选（2001）以气候生产力为指标，将土壤水资源植被承载力（植物干重）分为三级，1 级为 500~600g/(m²·a)，2 级为 400~500g/(m²·a)，3 级为<400g/(m²·a)，3 级基本与黄土高原植被带对应，面积比例分别为 32.2%、21.7%和 46.1%。许炯心（2005）提出了黄土高原在年均降水量 200~650mm 内 10 个不同等级条件下，乔木面积与林草面积的合理比值为 0.0008~0.7501。Feng 等（2016）根据黄土高原植被覆盖面积和人类用水需求，认为植被承载力阈值为（400±5）g C/(m²·a)，在未来气候变化条件下阈值范围为 383~528g C/(m²·a)，目前黄土高原植被平均净初级生产力为 400g C/(m²·a)，已达到阈值。高海东等（2017）研究认为，1999 年退耕还林（草）以来，黄土高原植被覆盖率呈显著上升趋势，目前为 60.22%，恢复潜力为 69.75%，整个黄土高原植被覆盖度大约还有 10%的提升潜力。

2. 基于功能需求的林草植被承载力

吴钦孝（2000）认为，为保持水土，黄土高原丘陵地区森林覆盖率应保持在 44%；为涵养水源，山区森林覆盖率应不低于 60%；为防风固沙，川、台、塬区和风沙区森林覆盖率应分别保持在 10%和 40%。

胡春宏和张晓明（2019，2020）认为，在坡面尺度，林草植被覆盖率在 50%~60%或以下时，随覆盖率增加，林草的减沙作用愈加显著，大于这一临界后，随覆盖率增加，其减沙效果大幅降低。说明：一方面黄土高原水土流失治理不可能将泥沙流失减到零或较低的数值，另一方面增加林草植被覆盖等措施有一个治理度，超过这个度后，投入很大但效果甚微。刘晓燕等（2020）认为，黄土丘陵沟壑区的产沙指数随林草有效覆盖率的增大而减小，二者呈指数关系。

张琨等（2020）综合分析了黄土高原植被覆盖率对土壤保持服务、产水服务、碳固定服务及区域生态系统服务的影响，明确了区域尺度植被覆盖对生态系统服务的的总体影响趋势并识别了影响阈值，认为植被覆盖率阈值在林地区、林地-草地区、草地区和草地-沙漠区分别为44%、32%、34%和34%，超过阈值后，植被促进区域生态系统服务的作用趋于减弱。

中国科学院地理科学与资源研究所和中国林业科学研究院将林草植被划分为森林植被、灌丛植被、草原植被和荒漠植被，并计算出这 4 类不同植被的生态需水量阈值分别为328.5～454.3mm、288.2～414.2mm、187.9～353.3mm 和65.5～170.2mm（三北工程建设水资源承载力与林草资源优化配置研究项目组，2022），同时认为黄土高原乔灌植被仍有一定扩张潜力：森林可承载盈余 5.67 万 km^2，灌丛可承载盈余 1.17 万 km^2。

总体而言，目前林草植被水资源承载力尚无统一的表征指标与计算方法，且无明确的研究结果。已有研究因各自方法的局限性，测算结果难以直接指导生产实践，且不同研究之间因时空尺度不一致，无可比性。同时，如基于水分供求关系计算植被承载力，前提是必须准确测算耗水量。未来应针对具体区域及树种，采用统一的方法，计算不同尺度、不同龄期、不同密度下的耗水量，这样才能科学测算森林生态系统承载力、确定合理配置模式。基于科学性、直观性、适用性与可操作性（实用性）相结合原则，在黄河流域宜选择降水、密度作为指标，通过测算耗水量来计算植被水分承载力。

本研究主要利用相关文献数据，结合团队观测数据，对典型树种年尺度单株蒸腾量和生态系统蒸散量及其影响因素进行了定量分析，通过所建立的以林龄、密度、年降水量为自变量的蒸腾蒸散经验统计模型，估算了耗水量，为人工林水分承载力估算提供了基础数据。

4.2　植被承载力计算方法

蒸散（ET）是陆地生态系统/植被耗水的主要方式，包括植被蒸腾和土壤蒸发，为土壤-植物-大气连续体（SPAC）水热运移的一个重要环节，既是水量平衡也是热量平衡的重要组成部分。按照降水资源环境容量原则，在降水得到充分利用的条件下，某一时段内（如生长季）降水资源的消耗量应小于或等于降水总量（张永涛和杨吉华，2003），即

$$TR \times N + EV \times A + Q \times A \leqslant P \times A \tag{4.1}$$

式中，TR 表示林木个体的蒸腾需水量（m^3）；N 表示面积为 A 区域内的林木数量（株）；EV 表示面积为 A 区域内的地表蒸发需水量（mm）；Q 表示面积为 A 的区域内地下水补充和地表径流流失引起的降水损失量（mm）；P 表示面积为 A 区域内的降水量（mm）；A 表示确定的区域面积（hm^2）。

令 N 为 $1hm^2$ 内的林木数量，则一定降水资源环境容量制约下的林分密度为

$$N \leqslant 10 \ (P - EV - Q) \ / TR \tag{4.2}$$

则 N 为每 $1hm^2$ 土地降水资源所能承载的最大林木数量，也是人工造林的最大密度（株/hm^2）。

黄土高原土层深厚，林地水分循环不受地下水的影响，如果将 Q 设为 0，即有效降水全部用于生态系统水分消耗，则最大水资源承载力计算公式为

$$N \leqslant 10 \ (P - EV) \ / TR \tag{4.3}$$

关键技术是准确测算植被蒸腾量（TR）、土壤蒸发量（EV）。

由于 ET 受土壤水热、林冠微气象和植被生长情况等多因素综合影响，且这些因素之间存在耦合关系，基于 ET 发生理论原理，拟采用以土壤-植物-大气连续体（SPAC）水热传输理论为基础的林分/生态系统水分供（给）需（求）平衡原理来计算 ET 或 TR。主要计算公式如下：

$$R_a = 37.6 dr \left(\omega_s \sin \varphi \sin \delta + \cos \varphi \cos \delta \sin \omega_s \right) \tag{4.4}$$

$$R_n = 0.77(0.25 + \frac{0.5n}{N})R_a - 2.45 \times 10^{-9}(0.1 + \frac{0.9n}{N})(0.34 - 0.14\sqrt{e_d})(T_{kx}^4 + T_{kn}^4) \tag{4.5}$$

$$ET_0 = \frac{0.408\Delta(R_n - G) + \dfrac{900}{T+273}\gamma U_2(e_d - e_a)}{\Delta + \gamma(1 + 0.34U_2)} \tag{4.6}$$

$$ET_p = K_c \times ET_0 \tag{4.7}$$

$$ET_a = K_s \times ET_p \tag{4.8}$$

$$C(h)\frac{\partial h}{\partial t} = \frac{\partial}{\partial x}\left[K(h)\frac{\partial h}{\partial x} \right] + \frac{\partial}{\partial z}\left[K(h)\frac{\partial h}{\partial z} \right] - \frac{\partial K(h)}{\partial z} - SWR(x,z,t) \tag{4.9}$$

$$-K(h)\frac{\partial h}{\partial z} + K(h) = P(x,t) - IN(x,t) - EV(x,t) \quad (z=0, t \geqslant 0) \tag{4.10}$$

$$SWR \ (x,z,t) = K_s \ (x,z,t) \times SWR_p \ (x,z,t) \tag{4.11}$$

$$\mathrm{SWR_p}\left(x'z't\right)=\frac{\mathrm{TR_p}(t)\times \mathrm{RD}\left(x'z't\right)\times K(h)}{\int_0^{L_z}\mathrm{RD}\left(x'z't\right)\times K(h)dz} \quad (4.12)$$

$$\mathrm{TR_p}(t)=K_c(t)\times f(\mathrm{LAI})\times \mathrm{ET_0}(t) \quad (4.13)$$

$$\mathrm{TR_a}=K_s\times \mathrm{TR_p} \quad (4.14)$$

$$\mathrm{EV}=\mathrm{ET_a}-\mathrm{TR_a} \quad (4.15)$$

式中，R_a、R_n 分别为总辐射（W/m²）、冠层净辐射（W/mn²）；n、N 分别为实际日照时数、碧空条件下日照时数（h）；ω_s 为日落时角度（rad）；δ 为太阳赤纬（rad）；φ 为纬度（rad）；dr 为日地相对距离（Km）；J 为日序值（取 1 月 1 日为 1）；T、T_{kx}、T_{kn} 分别为日平均气温、最高气温、最低气温（℃）；U_2 为距地面 2m 高处风速（m/s）；e_d、e_a 分别为大气饱和水汽压、实际水汽压（hPa）；Δ 为饱和水汽压-温度曲线斜率（Kpa/℃）；γ 为干湿球常数（Kpa/℃）；λ 为水潜热系数（MJ·kg⁻¹）；G 为土壤热通量（W/m²）；$\mathrm{ET_0}$ 为参考作物蒸散量（mm/d）；$\mathrm{ET_p}$、$\mathrm{ET_a}$ 分别为某植物潜在蒸散量、实际蒸散量（mm/d）；$\mathrm{TR_p}$、$\mathrm{TR_a}$ 分别为某植物潜在蒸腾量、实际蒸腾量（mm/d）；EV 为土壤实际蒸发量（mm/d）；K_c、K_s 分别为作物系数、土壤水分胁迫系数；$\mathrm{SWR_p}$、SWR 分别为根系潜在吸水量、实际吸水量（mm/d）；RD 为根长密度（mm/m³）；P、IN 分别为降水量（mm）、植被冠层截留量（mm）；f（LAI）为以叶面积为自变量的函数；C（h）、K（h）分别为比水容重、土壤非饱和渗透系数（mm/d），h 为土壤水势（mm H₂O）；x、z、t 分别为根系及其吸水量等参数的水平、垂直和时间变量。

联立上述方程，以土壤水分运移为中心，设置初始条件、边界条件，采用数值求解法，可在理论上可得到蒸腾量、土壤蒸发量、土壤水势（可转为含水量）等参数。

初始条件为

$$h(x,z,t)=h_0 \qquad (t=0) \quad (4.16)$$

边界条件如下。

水平方向的上、下边界条件：

$$\frac{\partial h}{\partial x}=0 \qquad (x=0 \text{或} x=L_x, t>0) \quad (4.17)$$

垂直方向的上边界条件：

$$-K(h)\frac{\partial h}{\partial z}+K(h)=P(x,t)-\mathrm{IN}(x,t)+\mathrm{IR}(x,t)-\mathrm{EV}(x,t) \qquad (z=0, t\geqslant 0) \quad (4.18)$$

垂直方向的下边界条件：

$$h(x,z,t)=h(x,L,t) \qquad (z=L_z, t>0) \quad (4.19)$$

式中，L_z 为根系最大长度，IR 为灌溉量。

目前，在以土壤水分为中心的 SPAC 水分运动计算中，所用的数值计算方法主要是有限差分法和有限单元法（雷志栋等，1988）。其中，有限差分是以差商近似地代替微商，将微分方程变成差分方程，从而组成可以直接求解的代数方程组。其原理和方法相对比较简单，在土壤水分运动方程的求解中比较通用。

土壤水分流动具有二维性质，为此差分格式采用交替隐式差分（ADI），具体求解过程如下。

首先，将计算区域（$0 \leqslant x \leqslant L_x$，$0 \leqslant z \leqslant L_z$）按矩形网格离散化，如图 4.1 所示，沿 x 方向的节点号为 i=0，1，2，…，m，步长 Δx=40cm；沿 z 方向的节点号为 j=0，1，2，…，n，步长 Δz=10cm；将时间离散化，节点号为 k=1，2，…，T，步长 Δt=10d。然后，对控制方程和定解条件进行交替隐式差分。

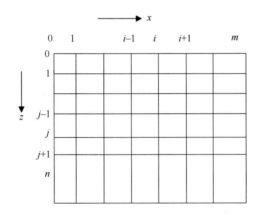

图 4.1　二维平面的矩形差分网格示意图

z 方向上隐式差分和 x 方向上显式差分：计算区域内任一节点（i，j，k+1）相应偏微分方程的差分方程可表示为

$$\frac{C_{i,j}^{k+1}(h_{i,j}^{k+1} - h_{i,j}^{k})}{\Delta t} = \frac{K_{i+0.5,j}^{k}(h_{i+1,j}^{k} - h_{i,j}^{k}) - K_{i-0.5,j}^{k}(h_{i,j}^{k} - h_{i-1,j}^{k})}{\Delta x^2}$$

$$+ \frac{K_{i,j+0.5}^{k+1}(h_{i,j+1}^{k+1} - h_{i,j}^{k+1}) - K_{i,j-0.5}^{k+1}(h_{i,j}^{k+1} - h_{i,j-1}^{k+1})}{\Delta z^2} \quad (4.20)$$

$$- \frac{K_{i,j+1}^{k+1} - K_{i,j-1}^{k+1}}{2\Delta z} - \mathrm{SWR}_{i,j}^{k+0.5}$$

令 $r_1 = \dfrac{\Delta t}{\Delta x^2}$， $r_2 = \dfrac{\Delta t}{\Delta z^2}$， $r_3 = \dfrac{\Delta t}{2\Delta z}$， $A_{i,j} = r_2 \dfrac{K_{i,j-0.5}^{k+1}}{C_{i,j}^{k+1}}$， $B_{i,j} = -1 - \dfrac{r_2}{C_{i,j}^{k+1}}(K_{i,j-0.5}^{k+1} + K_{i,j+0.5}^{k+1})$，

$$E_{i,j} = r_2 \frac{K_{i,j+0.5}^{k+1}}{C_{i,j}^{k+1}}， \qquad F_{i,j} = -r_1 \frac{K_{i-0.5,j}^{k}}{C_{i,j}^{k+1}}h_{i-1,j}^{k} + [r_1 \frac{K_{i-0.5,j}^{k} + K_{i+0.5,j}^{k}}{C_{i,j}^{k+1}} - 1]h_{i,j}^{k} - r_1 \frac{K_{i+0.5,j}^{k}}{C_{i,j}^{k+1}}h_{i+1,j}^{k}$$

$+ r_3 \dfrac{K_{i,j+1}^{k+1} - K_{i,j-1}^{k+1}}{C_{i,j}^{k+1}} + \dfrac{\Delta t}{C_{i,j}^{k+1}}\mathrm{SWR}_{i,j}^{k+0.5}$，将 r_1、r_2、r_3 和 $A_{i,j}$、$B_{i,j}$、$E_{i,j}$、$F_{i,j}$ 代入式（4.20），

整理、简化为

$$A_{i,j}h_{i,j-1}^{k+1} + B_{i,j}h_{i,j}^{k+1} + E_{i,j}h_{i,j+1}^{k+1} = F_{i,j} \qquad (i=0，2，\cdots，m-1；j=1，2，3\cdots，n-2)$$

$$(4.21)$$

根据 z 方向的边界条件，补充以下差分方程。

1）当 $j=0$ 时，对式（4.18）进行前向差分，可得

$$-K_{i,0}^{k+1} \frac{h_{i,1}^{k+1} - h_{i,0}^{k+1}}{\Delta z} + K_{i,0}^{k+1} = P_i^{k+0.5} - \mathrm{IN}_i^{k+0.5} + \mathrm{IR}_i^{k+0.5} - \mathrm{EV}_i^{k+0.5} \qquad (4.22)$$

整理可得

$$\frac{K_{i,0}^{k+1}}{\Delta z}h_{i,0}^{k+1} - \frac{K_{i,0}^{k+1}}{\Delta z}h_{i,1}^{k+1} = P_i^{k+0.5} - \mathrm{IN}_i^{k+0.5} + \mathrm{IR}_i^{k+0.5} - \mathrm{EV}_i^{k+0.5} - K_{i,0}^{k+1} \qquad (4.23)$$

令 $B_{i,0} = \dfrac{K_{i,0}^{k+1}}{\Delta z}$， $E_{i,0} = -B_{i,0}$， $F_{i,0} = P_i^{k+0.5} - \mathrm{IN}_i^{k+0.5} + \mathrm{IR}_i^{k+0.5} - \mathrm{EV}_i^{k+0.5} - K_{i,0}^{k+1}$，将

$B_{i,0}$、$E_{i,0}$ 和 $F_{i,0}$ 代入式（4.23），可得

$$B_{i,0}h_{i,0}^{k+1} + E_{i,0}h_{i,1}^{k+1} = F_{i,0} \qquad (4.24)$$

2）当 $j=n-1$ 时，式（4.21）可写成

$$A_{i,n-1}h_{i,n-2}^{k+1} + B_{i,n-1}h_{i,n-1}^{k+1} = F_{i,n-1} \qquad (4.25)$$

其中，

$$F_{i,n-1} = -r_1 \frac{K_{i-0.5,n-1}^k}{C_{i,n-1}^{k+1}} h_{i-1,n-1}^k + [r_1 \frac{K_{i-0.5,n-1}^k + K_{i+0.5,n-1}^k}{C_{i,n-1}^{k+1}} - 1] h_{i,n-1}^k$$

$$-r_1 \frac{K_{i+0.5,n-1}^k}{C_{i,n-1}^{k+1}} h_{i+1,n-1}^k + r_3 \frac{K_{i,n}^{k+1} - K_{i,n-2}^{k+1}}{C_{i,n-1}^{k+1}} + \frac{\Delta t}{C_{i,n-1}^{k+1}} \mathrm{SWR}_{i,n-1}^{k+1} - r_2 \frac{K_{i,n-0.5}^{k+1}}{C_{i,n-1}^{k+1}} h_{i,n}^{k+1} \quad (4.26)$$

$$-r_2 \frac{K_{i,n-0.5}^{k+1}}{C_{i,n-1}^{k+1}} h_{i,n}^{k+1}$$

由于方程组左边含有时段末（$k+1$）三个相邻节点的水势，因此根据时段初（k）已知的水势求出时段末（$k+1$）各节点的水势，必须联立求解代数方程组。按差分方程表述的求解方程组为

$$\begin{bmatrix} B_{i,0} & E_{i,0} \\ A_{i,1} & B_{i,1} & E_{i,1} \\ & \ddots & \ddots & \ddots \\ & & \ddots & \ddots & \ddots \\ & & & A_{i,n-2} & B_{i,n-2} & E_{i,n-2} \\ & & & & A_{i,n-1} & B_{i,n-1} \end{bmatrix} \begin{bmatrix} h_{i,0}^{k+1} \\ h_{i,1}^{k+1} \\ \\ \\ h_{i,n-2}^{k+1} \\ h_{i,n-1}^{k+1} \end{bmatrix} = \begin{bmatrix} F_{i,0}^{k+1} \\ F_{i,1}^{k+1} \\ \\ \\ F_{i,n-2}^{k+1} \\ h_{i,n-1}^{k+1} \end{bmatrix} \quad (4.27)$$

简化为

$$[A] \times [h]^{k+1} = [F] \quad (4.28)$$

式中，$[A]$ 为系数矩阵；$[F]$ 为常数项阵；$[h]^{k+1}$ 为求解未知量矩阵。$[A]$ 仅在主对角线及相邻两侧对角线有非零元素，所以求解方程组为三对角型方程，可用追赶法求解，求解由消元和回代两个过程组成（雷志栋等，1988）。

消元过程如下。

令

$$y_{i,0} = \frac{F_{i,0}}{B_{i,0}} \left.\begin{array}{c} \\ \\ \\ \\ \end{array}\right\} \quad (i=0,\ 1,\ 2,\ \cdots,\ m) \tag{4.29}$$

$$yy_{i,0} = \frac{E_{i,0}}{B_{i,0}}$$

$$y_{i,j} = \frac{F_{i,j} - A_{i,j} y_{i,j-1}}{B_{i,j} - A_{i,j} yy_{i,j-1}} \left.\begin{array}{c} \\ \\ \\ \\ \end{array}\right\} \quad (i=0,\ 1,\ \cdots,\ m;\ j=1,\ 2,\ \cdots,\ n-2) \tag{4.30}$$

$$yy_{i,0} = \frac{E_{i,j}}{B_{i,j} - A_{i,j} yy_{i,j-1}}$$

由求解方程组式（4.27）（当 $j=1$ 时）解出 $h_{i,0} = y_{i,0} - yy_{i,1}$，将结果代入式（4.27）（当 $j=2$ 时）进行消元解出 $h_{i,1} = y_{i,1} - yy_{i,2}$，依次求解出 $h_{i,n-2} = y_{i,n-2} - yy_{i,n-1}$，将 $h_{i,n-2}$ 代入求解方程组式（4.27）（当 $j=n-1$ 时）便可解出 $h_{i,n-1}$。上述过程所得结果如下：

$$\left.\begin{array}{c} h_{i,0} = y_{i,0} - yy_{i,0} h_{i,1} \\ \\ h_{i,1} = y_{i,1} - yy_{i,1} h_{i,2} \\ \\ \cdots\cdots \\ \\ h_{i,j} = y_{i,j} - yy_{i,j} h_{i,j+1} \\ \\ \cdots\cdots \\ \\ h_{i,n-2} = y_{i,n-1} - yy_{i,n-2} h_{i,n-1} \\ \\ h_{i,n-1} = \dfrac{F_{i,n-1} - A_{i,n-1} y_{i,n-2}}{B_{i,n-1} - A_{i,n-1} yy_{i,n-2}} \end{array}\right\} \tag{4.31}$$

回代过程如下。

根据消元计算结果得出 $h_{i,n-1}$ 后，自下而上求出 $h_{i,n-1}$、$h_{i,n-2}$、$h_{i,3}$、$h_{i,2}$、$h_{i,1}$，直至求得 $h_{i,0}$。

z 方向上显式差分和 x 方向上隐式差分的思路同上。

交替使用上述两种差分格式，便可得出所要求的各个时段的水势。求解方程流程如图 4.2 所示。

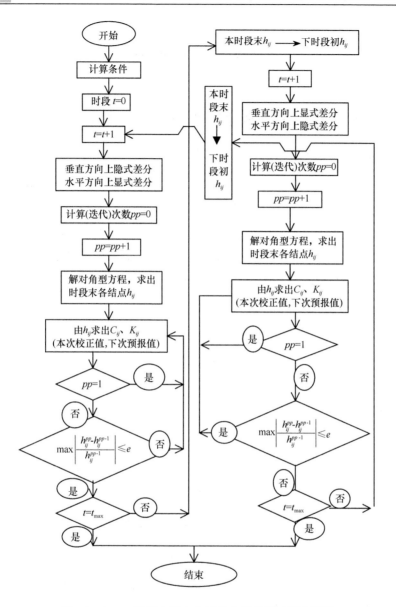

图 4.2　SPAC 系统土壤水分运移方程求解过程流程图

在理论上虽可得到 ET 和 TR、EV，但在森林生态系统中，因地下和地下结构的复杂性及树种之间的差异性，难以精准建立根系生长模型。所以，目前测算林分 ET 或 TR，大多采用单层水量平衡法、涡度相关法和树干液流法。

4.3 植被承载力实验数据实证

4.3.1 油松人工林生态系统蒸散量与水分承载力

1. 油松人工林生态系统蒸散量经验模型构建

基于学术论文等文献数据，筛选得到包含油松年蒸散量（ET）、年降水量（P）、密度（Den）和林龄（Age）等基础信息的数据 52 组。其中，32 组数据用于构建以 P、Den、Age 为自变量的 ET 预测模型，其余 20 组数据用于验证模型。结果表明，ET 预测值与实测值之间具有很好的线性相关性（图 4.3），相关系数 R^2 达 0.9874，相对误差绝对值的平均值为 9.63%，说明所构建的模型具有较高的估算精度。

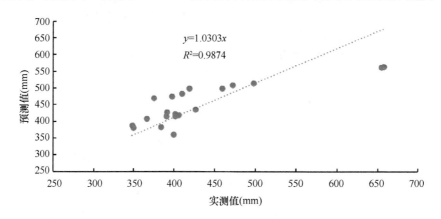

图 4.3　油松人工林生态系统蒸散量实测值与预测值的比较

将所有数据用于构建 ET 预测模型，回归统计模型见式（4.32）。

$$ET = -88.7972 + 79.4118\ln(Age) + 0.0081Den + 0.5259P \tag{4.32}$$

式中，Den 单位为株/hm^2；ET 和 P 单位均为 mm（年尺度）；Age 单位为年。

相关系数 R 为 0.8127（n=52），并通过显著性检验（α=0.05）（表 4.2），所以可以利用该回归统计模型估算不同林龄、密度和降水条件下的油松人工林生态系统年蒸散量。

2. 油松人工林生态系统蒸散量和水分承载力估算

在密度分别为 600 株/hm^2、700 株/hm^2、800 株/hm^2、1000 株/hm^2、1500 株/hm^2、

表 4.2　回归统计及方差分析信息表

回归统计	
相关系数 R	0.812 7
R^2	0.660 5
校正 R^2	0.639 2
标准误差	45.255 5
观测值	52

方差分析					
分析项	自由度（df）	方差（SS）	均方（MS）	F 值	Sig. F
回归分析	3	191 231.131 6	63 743.710 5	31.124 0	0.000 0
残差	48	98 306.801 3	2 048.058 4		
总计	51	289 537.933 0			

方差分析						
分析项	变异系数	标准误差	t 值	P 值	95%置信区间最小值	95%置信区间最大值
截距	−88.797 2	59.956 7	−1.481 0	0.145 1	−209.348 0	31.753 8
X1：ln(林龄)	79.411 8	22.245 0	3.569 9	0.000 8	34.685 2	124.138 4
X2：密度	0.008 1	0.006 0	1.353 2	0.182 3	−0.003 9	0.020 1
X3：降水	0.525 9	0.079 1	6.645 3	0.000 0	0.366 8	0.685 0

2000 株/hm^2、2500 株/hm^2、3000 株/hm^2、3200 株/hm^2 和年降水量分别为 500mm、550mm、600mm 的条件下，采用式（4.31）计算得到 10～30 年各林龄油松人工林生态系统的蒸散量（ET），结果表明：上述 9 个密度在年降水量为 500mm 时的年 ET 平均值为 422mm，在年降水量为 550mm 时的年 ET 平均值为 448mm，在年降水量为 600mm 时的年 ET 平均值为 475mm，ET 总平均值为 448mm。其中，在密度为 800 株/hm^2、2000 株/hm^2 和 3200 株/hm^2 和年降水量为 500mm、550mm、600mm 的条件下，年 ET 随林龄的变化趋势如图 4.4 所示。按幼龄林（10<林龄≤20）、中龄林（20 年<林龄≤30 年）进行进一步汇总，结果表明（表 4.3）：两个类型的年 ET 平均值分别为 430mm、473mm，分别占年降水量的 78.3%和 86.2%，平均为 82.3%。其中，年降水量为 550mm、密度为 800 株/hm^2 时，两个类型的年 ET 平均值分别约为 420mm、464mm，分别约为年降水量的 76.4%、87.7%；年降水量为 550mm、密度为 2000 株/hm^2 时，两个类型的年 ET 平均值分别约为 430mm、473mm，分别约为年降水量的 78.2%、86.1%。

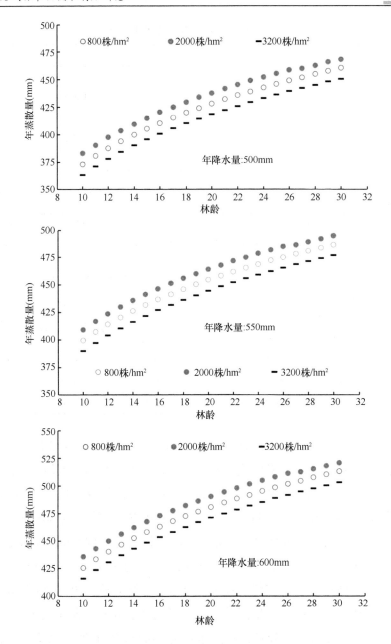

图 4.4 油松人工林生态系统年蒸散量随林龄的变化趋势

根据密度分别为 600 株/hm²、700 株/hm²、800 株/hm²、1000 株/hm²、1500 株/hm²、2000 株/hm²、2500 株/hm²、3000 株/hm²、3200 株/hm² 和年降水量分别为 500mm、550mm、600mm 条件下的年 ET 计算结果，采用式（4.31）计算得到不同林龄的密度，可将其视为生态系统最大水分承载力（MWC）。结果表明：在年降水量分别为 500mm、

550mm、600mm 的区域，油松人工林 MWC 随林龄的变化趋势如图 4.5 所示。

表 4.3 不同林龄时期不同密度油松人工林生态系统年蒸散量及其与降水量比值

指标	年降水量 500mm			年降水量 550mm			年降水量 600mm			平均
	800 株 /hm²	2000 株 /hm²	3200 株 /hm²	800 株 /hm²	2000 株 /hm²	3200 株 /hm²	800 株 /hm²	2000 株 /hm²	3200 株 /hm²	
10 年<林龄≤20 年平均年蒸散量（mm）	394	404	413	420	430	440	446	456	466	430
20 年<林龄≤30 年平均年蒸散量（mm）	437	447	456	464	473	482	490	500	509	473
10 年<林龄≤20 年蒸散量与降水量的比值	0.788	0.807	0.827	0.764	0.782	0.799	0.744	0.760	0.777	0.783
20 年<林龄≤30 年蒸散量与降水量的比值	0.912	0.894	0.875	0.877	0.861	0.843	0.848	0.833	0.817	0.862

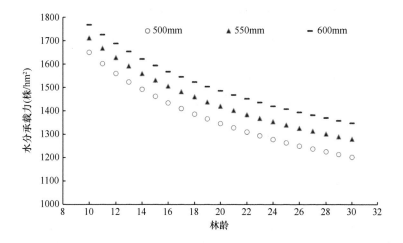

图 4.5 油松人工林生态系统水分承载力随林龄的变化趋势

在年降水量为 500mm 的区域，油松幼龄林（10 年<林龄≤20 年）、中龄林（20 年<林龄≤30 年）的 MWC 均值分别约为 1476 株/hm²、1261 株/hm²。在年降水量为 550mm 的区域，幼龄林、中龄林的 MWC 均值分别约为 1546 株/hm²、1337 株/hm²。在年降水量为 600mm 的区域，幼龄林、中龄林的 MWC 均值分别约为 1607 株/hm²、1404 株/hm²。

4.3.2 刺槐人工林生态系统蒸散量与水分承载力

1. 刺槐人工林生态系统蒸散量经验模型构建

同理，以 Age、Den 和 P 为自变量，以 ET 为因变量，通过回归分析，构建了刺槐人工林生态系统 ET 预测模型。

当 Den<2200 株/hm^2，模型见式（4.33）。

$$ET=126.6820+54.0712\ln(Age)+0.0067Den+0.3409P \tag{4.33}$$

相关系数 R 为 0.5148（n=71），通过显著性检验（表 4.4）。

表 4.4　回归统计及方差分析信息表（密度<2200 株/hm^2）

回归统计				
相关系数 R	R^2	校正 R^2	标准误差	观测值
0.514 8	0.265 0	0.232 1	51.859 9	71

方差分析				
分析项	自由度（df）	方差（SS）	均方（MS）	F 值	Sig. F
回归分析	3	64 979.5000	21 659.833 3	8.053 6	0.000 1
残差	67	180 192.8384	2 689.445 3		
总计	70	245 172.3384			

方差分析					
分析项	变异系数	标准误差	t 值	P 值	95%置信区间最小值	95%置信区间最大值
截距	126.682 0	67.653 8	1.872 5	0.065 5	−8.355 5	261.719 5
X1：ln(林龄)	54.071 2	16.693 0	3.239 1	0.001 9	20.751 8	87.390 7
X2：密度	0.006 7	0.014 1	0.473 2	0.637 6	−0.021 5	0.034 9
X3：降水	0.340 9	0.078 3	4.351 0	0.000 0	0.184 5	0.497 2

当 Den≥2200 株/hm^2，模型见式（4.34）

$$ET=-687.5953+323.7692\ln(Age)-0.0335Den+0.6843P \tag{4.34}$$

相关系数 R 为 0.8780（n=31），通过显著性检验（表 4.5）。

由式（4.33）可知，当 Den≥2200 株/hm^2，ET 随 Den 的增加呈减少趋势。

进一步验证模型精度，利用 Den 小于 2200 株/hm^2 的 71 组数据中 48 组进行建模，其余的 33 组用于验证所构建的模型。结果表明：ET 预测值与实测值之间具有很好的线性相关性（图 4.6），相关系数 R 达 0.9953，相对误差绝对值的平均值为 7.11%，说明所构建的模型具有较高的估算精度。

表 4.5　回归统计及方差分析信息表（密度≥2200 株/hm²）

回归统计				
相关系数 R	R^2	校正 R^2	标准误差	观测值
0.878 0	0.770 9	0.745 5	42.308 1	31

方差分析				
分析项	自由度（df）	方差（SS）	均方（MS）	F 值	Sig. F
回归分析	3	162 656.1	54 218.700 0	30.290 2	0.000 0
残差	27	48 329.26	1 789.972 0		
总计	30	210 985.4			

方差分析					
分析项	变异系数	标准误差	t 值	P 值	95%置信区间最小值	95%置信区间最大值
截距	−687.595 3	159.185 6	−4.319 5	0.000 2	−1 014.217 2	−360.973 5
X1：ln(林龄)	323.769 2	51.866 3	6.242 4	0.000 0	217.348 3	430.190 0
X2：密度	−0.033 5	0.021 5	−1.556 9	0.131 1	−0.077 7	0.010 7
X3：降水	0.684 3	0.086 9	7.877 6	0.000 0	0.506 1	0.862 5

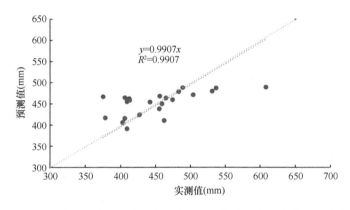

图 4.6　刺槐人工林生态系统蒸散量实测值与预测值的比较（密度＜2200 株/hm²）

2. 刺槐人工林生态系统蒸散量和水分承载力估算

在密度分别为 600 株/hm²、800 株/hm²、1000 株/hm²、1200 株/hm²、1400 株/hm²、1600 株/hm²、1800 株/hm²、2000 株/hm²、2200 株/hm²、2400 株/hm² 和 2600 株/hm² 和年降水量分别为 550mm、600mm、650mm 的条件下，采用式（4.32）和式（4.33）计算得到 10～30 年各林龄刺槐人工林生态系统年 ET，结果表明：上述 11 个密度在年降水量为 550mm 时的年 ET 平均值为 560mm，在年降水量为 600mm 时的年 ET 平均值为 585mm，在年降水量为 650mm 时的年 ET 平均值为 610mm，ET 总平均值

为 585mm。其中，在密度分别为 800 株/hm²、1000 株/hm²、1800 株/hm²、2400 株/hm² 和年降水量分别为 550mm、600mm、650mm 条件下，采用（4.32）和式（4.33）计算得到不同林龄刺槐人工林生态系统年 ET，其随林龄的变化趋势如图 4.7 所示。从中可知：密度为 2400 株/hm²、林龄大于 15 年时，年 ET 大于降水量，即水分供不应求。

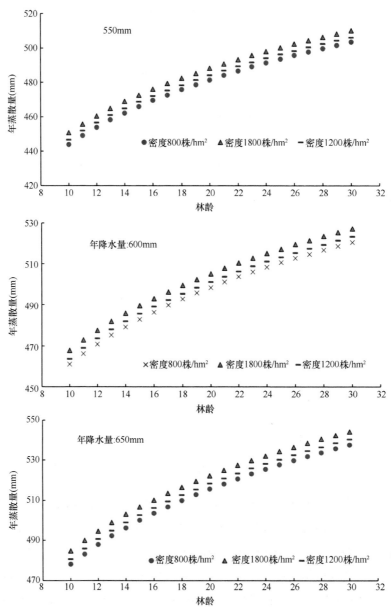

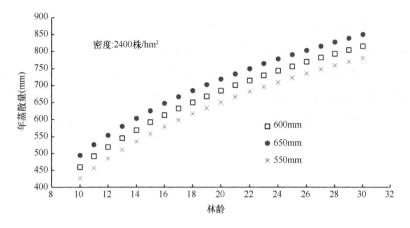

图 4.7　刺槐人工林生态系统年蒸散量随林龄的变化趋势

按中龄林（10 年＜林龄≤15 年）、近熟林（15 年＜林龄≤20 年）、成熟林（20 年＜林龄≤30 年）进行进一步汇总，结果表明（表 4.6）：在密度分别为 800 株/hm²、1000 株/hm²、1800 株/hm² 的条件下，三个类型的平均年蒸散量分别为 476mm、496mm、514mm，分别占年降水量的 79.5%、82.9%和 86.0%，平均为 82.8%，说明平均而言，在密度小于 1800 株/hm² 时，降水量可以满足林分耗水需求。其中，年降水量为 600mm、密度为 1200 株/hm² 时，中龄林、近熟林、成熟林的年蒸散量平均值分别约为 475mm、495mm、514mm，分别约为年降水量的 79.2%、82.6%、85.7%。

表 4.6　不同林龄时期不同密度刺槐人工林生态系统年蒸散量及其与降水量比值

指标	年降水量 550mm			年降水量 600mm			年降水量 650mm			平均
	800 株/hm²	1200 株/hm²	1800 株/hm²	800 株/hm²	1200 株/hm²	1800 株/hm²	800 株/hm²	1200 株/hm²	1800 株/hm²	
10 年＜林龄≤15 年平均年蒸散量（mm）	456	458	462	473	475	479	490	492	496	476
15 年＜林龄≤20 年平均年蒸散量（mm）	476	478	482	493	495	499	510	512	516	496
20 年＜林龄≤30 年平均年蒸散量（mm）	494	497	501	511	514	518	528	531	535	514
10 年＜林龄≤15 年蒸散与降水量的比值	0.8283	0.833	0.841	0.788	0.792	0.799	0.753	0.758	0.764	0.795
15 年＜林龄≤20 年蒸散量与降水量的比值	0.8648	0.870	0.877	0.821	0.826	0.832	0.784	0.788	0.795	0.829
20 年＜林龄≤30 年蒸散量与降水量的比值	0.8987	0.904	0.911	0.852	0.857	0.863	0.813	0.817	0.823	0.860

根据密度分别为 600 株/hm^2、800 株/hm^2、1000 株/hm^2、1200 株/hm^2、1400 株/hm^2、1600 株/hm^2、1800 株/hm^2、2000 株/hm^2、2200 株/hm^2、2400 株/hm^2、2600 株/hm^2 和年降水量分别为 550mm、600mm、650mm 条件下的年 ET 计算结果,采用式(4.32)计算得到不同林龄的密度,可将其视为生态系统最大水分承载力(MWC)。结果表明:在年降水量为 550mm、600mm、650mm 的区域,刺槐林 MWC 随林龄的变化趋势如图 4.8 所示。

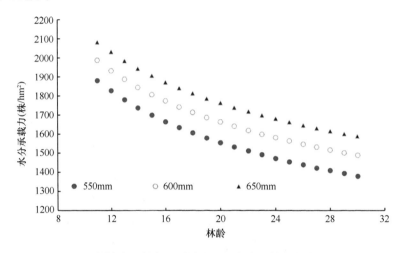

图 4.8　刺槐人工林生态系统水分承载力随林龄的变化趋势

在年降水量为 550mm 的区域,刺槐中龄林(10 年<林龄≤15 年)、近熟林(15 年<林龄≤20 年)、成熟林(20 年<林龄≤30 年)的 MWC 均值分别约为 1764 株/hm^2、1559 株/hm^2、1434 株/hm^2。在年降水量为 600mm 的区域,刺槐中龄林、近熟林、成熟林的 MWC 均值分别约为 1872 株/hm^2、1667 株/hm^2、1542 株/hm^2。在年降水量为 650mm 的区域,刺槐林三种类型的 MWC 均值分别约为 1970 株/hm^2、1766 株/hm^2、1642 株/hm^2。

4.3.3　樟子松人工林生态系统蒸腾量和水分承载力

2014~2018 年,采用 Granier 热扩散液流法测算得到不同径阶樟子松的单株蒸腾量,并通过尺度转换估算得到不同径阶、不同林龄林分的年蒸腾量(图 4.9)。

考虑到黄土高原南北气候(主要为年降水量)跨度较大,我们参照过去 30 年年均降水变化情况,将年降水量设置为 6 个梯度,分别为 350mm、400mm、450mm、500mm、550mm、600mm,作为最大林分密度的有效水资源供给量。

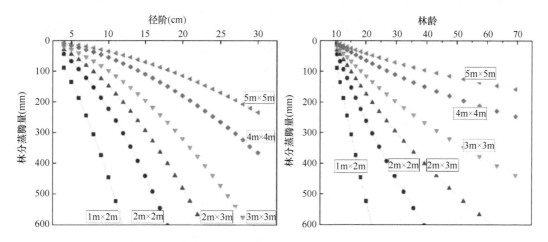

图 4.9　樟子松人工林不同径阶及不同林龄林分年蒸腾量

图中 1m×2m 代表株距和行距分别为 1m 和 2m。余同

　　根据长期观测结果（韩辉等，2020），樟子松成林后林冠截留量基本维持在林外降水总量的 18%～22%，冠下蒸发散量占林外降水总量的 38%～42%。所以，统一采用年均降水量的 40%作为樟子松的有效水资源总量，以此为依据计算适宜的林分密度，即水分承载力，结果见图 4.10 和表 4.7。其中，当降水量为 450mm 时，幼龄林（林龄≤20 年）、中龄林（21 年<林龄≤30 年）、近熟林（31 年<林龄≤40 年）的水分承载力分别平均为 4294 株/hm²、1238 株/hm²、828 株/hm²。

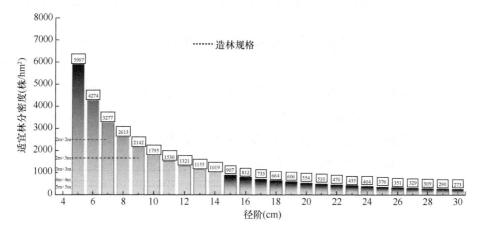

图 4.10　平均水文情景（年降水量 450mm）下樟子松人工林适宜林分密度随径阶的变化过程

表 4.7　不同水文情景下樟子松人工林水分承载力（林分密度）（株/hm^2）

径阶 （cm）	林龄	不同水文情景（年降水量）					
		350mm	400mm	450mm	500mm	550mm	600mm
4	10	7 871	8 995	10 119	11 244	12 368	13 493
5	11	5 168	5 907	6 645	7 383	8 122	8 860
6	13	3 740	4 274	4 808	5 342	5 877	6 411
7	14	2 867	3 277	3 687	4 096	4 506	4 916
8	15	2 286	2 613	2 939	3 266	3 592	3 919
9	17	1 875	2 142	2 410	2 678	2 946	3 214
10	18	1 571	1 795	2 019	2 244	2 468	2 692
11	20	1 338	1 530	1 721	1 912	2 103	2 294
12	22	1 156	1 321	1 487	1 652	1 817	1 982
13	24	1 010	1 155	1 299	1 443	1 588	1 732
14	27	892	1 019	1 146	1 274	1 401	1 528
15	30	793	907	1 020	1 133	1 247	1 360
16	32	711	812	914	1 016	1 117	1 219
17	36	641	733	824	916	1 007	1 099
18	39	581	664	747	831	914	997
19	43	530	606	681	757	833	908
20	48	485	554	624	693	762	832
21	52	446	510	573	637	701	764
22	57	411	470	529	588	647	705
23	63	381	435	490	544	599	653
24	70	354	404	455	505	556	606

4.4　其他树种林分耗水量与水分承载力

　　侧柏、柠条和沙冬青等强抗旱树种一般在立地条件较差的地段用于造林。侧柏与柠条主要在黄土高原西部、中部一带丘陵沟壑区用于荒山造林，其中侧柏需要进行水平阶整地，柠条一般进行鱼鳞坑整地后造林。沙冬青主要分布于内蒙古中西部、宁夏北部和甘肃北部，其年降水量在 53～272mm，平均值为 155mm，土壤类型为淡棕钙土、草原风沙土、荒漠风沙土、钙质灰漠土、灰棕漠土、石质土、含盐石质土。

　　1. 侧柏

　　莫保儒等（2009）在甘肃省定西市的研究表明，在年降水量为 400mm 的区域，侧柏（阳坡）成林密度小于 1250 株/hm²。韩磊（2011）在地处黄土半干旱区的山西吉县进行研究认为，17 年生侧柏林分的林木集水面积不小于 3m²，理论密度不大于 3236 株/hm²。张永涛和杨吉华（2003）利用降水资源环境容量理论和水量平衡理论，在山西方山县峪口镇研究表明，在该地区的降水资源环境容量条件下，10 年生侧柏的最大造林密度为 2004 株/hm²，最合理的密度应为 1856 株/hm²。武思宏等（2006）和张晓明等（2006）在晋西黄土区的山西吉县采用盆栽称重法进行试验表明，2002年主要生长季节（4～10 月）降水量为 430mm，属贫水年，9 年生单株侧柏同期耗水量为 441mm，略高于同期降水量；2003 年同期降水量为 870mm，属丰水年，单株侧柏同期耗水量为 459mm，低于同期降水量。总体来说，就现有文献而言，有关侧柏单株或林分尺度需水或耗水量、水分承载力的可靠观测数据或分析结果较少，无法进行整合分析。针对晋西黄土半干旱区，仅基于韩磊（2011）、张永涛和杨吉华（2003）的数据，本研究认为 10～20 年侧柏林的最大水分承载力为 2004～3226 株/hm²；基于武思宏等（2006）和张晓明等（2006）的数据，本研究认为 10 年左右侧柏林的年耗水量为 440～459mm（表 4.8）。

表 4.8 侧柏、柠条和沙冬青年耗水量及水分承载力参考值

树种	年耗水量（mm）	最大水分承载力（株/hm²）	备注
侧柏	440～459	2004～3226	10～20 年生，晋西黄土半干旱区
柠条	200～400	420	黄土高原西、中部一带丘陵沟壑区；北部风蚀区
沙冬青	100～250	420	内蒙古中西部、宁夏北部和甘肃北部干旱区

2. 柠条和沙冬青

有关柠条和沙冬青单株或林分尺度需水或耗水量、水分承载力的研究文献案例很少，针对中龄-近熟期的文献更为少见，目前基于文献案例无法获得能满足统计分析要求的数据。另外，从"林-水"矛盾的尖锐性来判断，这两类树种与油松、樟子松、刺槐等树种相比处于相对较低的程度，故参考国家标准《造林技术规程》（GB/T 15776—2016）相应气候区的造林规格（最低初值密度）估算了其生态系统的年耗水量区间与水分承载力（表 4.8）。

第5章 基于自然的林草植被资源优化配置方案

5.1 资料来源与统计方法

气象数据来源于国家气候中心提供的 1981~2020 年中国各站逐日气象资料，包括降水量、最高温度、最低温度、相对湿度、日照时数等。所有的数据首先进行插补订正，然后采用克里金（Kriging）插值法插值为 0.01°格点数据。叶面积指数（LAI）来源于 1981~2020 年由中国科学院地理科学与资源研究所刘荣高团队制作的分辨率为 0.08°的 GLOBMAP LAI V3 产品，其融合了 AVHRR LAI（1981~1999 年）和 MODIS LAI（2000~2020 年）。地理高程数据与土地利用数据来源于资源环境科学数据平台（http://www.resdc.cn/DataSearch.aspx）。其中，土地利用数据产品是基于 Landsat TM/ETM/OLI 的遥感影像，采用遥感信息提取方法，参照中国科学院土地利用/覆盖分类体系（LUCC 分类体系），经过波段选择及融合、图像几何校正及配准并对图像进行增强处理、拼接与裁剪，将全国地表覆盖类型主要分为耕地、林地、草地、水域、建设用地和未利用地 6 个一级分类和 25 个二级分类（表 5.1）。

表 5.1　土地利用分类（一级和二级分类及编号）

一级分类及编号	二级分类及编号
1 耕地	11 水田，12 旱地
2 林地	21 有林地，22 灌林地，23 疏林地，24 其他林地
3 草地	31 高覆盖草地，32 中覆盖草地，33 低覆盖草地
4 水域	41 河渠，42 湖泊，43 水库坑塘，44 永久性冰川雪地，45 滩涂，46 滩地
5 建设用地	51 城镇用地，52 农村居民点，53 其他建设用地
6 未利用地	61 沙地，62 戈壁，63 盐碱地，64 沼泽地，65 裸土地，66 裸岩石质山地，67 其他未利用地（包括高寒荒漠、苔原等）

5.2 综合植被可利用降水时空分布特征

5.2.1 降水空间格局与变化趋势

1. 计算方法

ARIMA 模型全称为自回归积分滑动平均模型（autoregressive integrated moving

average model），是指将非平稳时间序列转化为平稳时间序列，然后将因变量仅对它的滞后值以及随机误差项的现值和滞后值进行回归所建立的模型。ARIMA 模型根据原序列是否平稳以及回归中所含部分的不同，分为移动平均过程（MA）、自回归过程（AR）、自回归移动平均过程（ARMA）以及 ARIMA 过程。

ARIMA 模型为差分自回归移动平均模型，首先要进行数据检验，确定数据的平稳性，一般进行一次差分或者多次差分就可以转化为平稳序列。该模型共有 3 个参数，一般形式为 ARIMA（p, d, q），ARIMA 为自回归，p 为自回归阶次，d 为时间序列达到平稳时所做的差分次数，q 为移动平均阶次。如果建模合适，模型残差序列为白噪声序列，模型会自动拟合预测值，只要操作得当，就能得到有较高精度的预测模型。

首先，利用 ARIMA 模型模拟未来 30 年每个站点的年降水量。然后，采用武汉大学万飚老师团队研制开发的水文频率分布曲线适线软件读取黄河流域及周边站点未来 30 年连续（部分不连续）的降水数据，采用目估适线法通过手动调整参数进行配线，通过参数估计给出统计参数的估计值；根据统计参数，按照给定设计频率（即 50%）求设计值作为平水年值，并绘制理论频率曲线；输出计算成果表到文本文件，保存图形。最后，使用 ArcMap 软件的 Kriging 插值法对黄河流域的平水年降水量进行插值分析。

为了体现多年降水量的平均水平，引入"降水量保证率"的概念，是指某一时间段内降水量≥（或≤）某一界限值的累计频率，用于说明降水量出现该值的可靠程度。如果要确定某个降水量保证率下的降水量，需要先绘制降水量保证率曲线图。具体包括以下步骤。

1）收集多年降水量资料，按照降水量从大到小生成序列表。

2）用序列表中的数据排列序号除以样本总数得到的百分数即每个降水量数据的保证率，编制降水量保证率统计表。

3）将各降水量数据作为横坐标、保证率作为纵坐标，绘制降水量保证率曲线图。

4）根据降水量保证率曲线图可以查到 50%保证率下的降水量，并将其作为黄河流域未来 30 年的平水年降水水平。

降水栅格数据利用 AUSPLINE 软件结合 DEM 数据进行空间插值，获得研究区未来 30 年平水年的降水空间数据。DEM 数据（空间分辨率 30m）来源于中国科学院资源环境科学与数据中心。

2. 多年降水量区域分布

将黄河流域的多年降水量进行平均，1981～2020 年大体表现为南高北低，主要集中在 451～600mm，面积为 32.93 万 km²，其次为 301～450mm，面积为 24.80 万 km²，南部少部分区域达到 701～860mm，面积为 3.08 万 km²（图 5.1）。

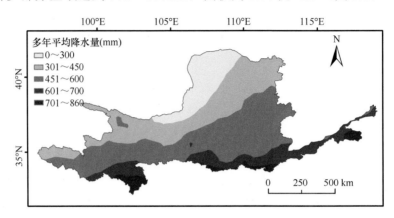

图 5.1 1981～2020 年黄河流域多年平均降水量区域分布

3. 区域降水量年际变化

将黄河流域降水量逐年进行平均，1981～2020 年为 468.1mm，最小值出现在 1997 年（365.7mm），最大值出现在 2003 年（584.6mm）。构建的年份与降水量线性方程为 $y=0.5078x+457.65$（$R^2=0.0164$），表明黄河流域降水量多年以来总体呈现上升趋势，从 1981 年的 486.5mm 上升到 2020 年的 504.3mm，变化率为 0.45mm/a（图 5.2）。

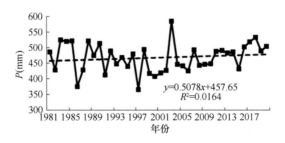

图 5.2 1981～2020 年黄河流域降水量年际变化

4. 不同年代降水量区域分布

黄河流域降水量自 20 世纪 80 年代到 21 世纪 10 年代呈现增加趋势，大体表现为南高北低。降水量的增加主要源自 451~600mm 年均降水量的区域面积显著增加，其所占比例由 20 世纪 80 年代的 37.27% 增加至 21 世纪 10 年代的 42.31%，以及 601~700mm 年均降水量的区域面积一定程度增加。在 20 世纪 80 年代、90 年代和 21 世纪头 10 年，0~300mm 年均降水量的区域面积无明显变化，但在 21 世纪 10 年代显著减小，所占比例降为 10.09%。301~450mm 年均降水量的区域面积呈现先上升后下降趋势，其中 20 世纪 90 年代占比最大，为 37.77%。20 世纪 90 年代 601~700mm 年均降水量的区域面积较 80 年代显著减小，且在 21 世纪头 10 年和 10 年代回升。其余区间年均降水量的区域面积变化不大（图 5.3 和表 5.2）。

5. 未来 30 年降水量区域分布

未来 30 年黄河流域降水量整体呈缓慢上升趋势，大体表现为南高北低、东高西低，与 1980 年以来的多年平均降水量对比，出现的变化为 0~300mm 和 451~600mm 降水量的区域面积显著减少，而 301~450mm 和 600mm 以上降水量的区域面积显著增大，未来 30 年黄河流域南部降水量增加尤为明显（图 5.4 和表 5.2）。

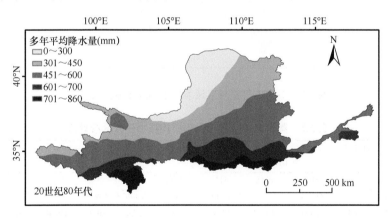

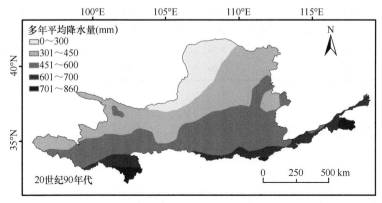

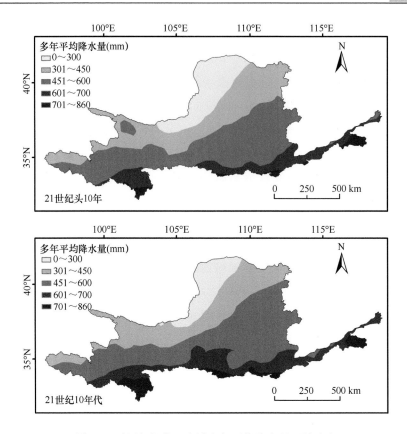

图 5.3 不同年代黄河流域多年平均降水量区域分布

表 5.2 黄河流域各年代多年平均降水量分区统计表

降水量（mm）	20 世纪 80 年代年均		20 世纪 90 年代年均		21 世纪头 10 年年均		21 世纪 10 年代年均		多年平均		未来 30 年	
	面积（万 km²）	占比（%）	面积（万 km²）	占比（%）	面积（万 km²）	占比（%）	面积（万 km²）	占比（%）	面积（万 km²）	占比（%）	面积（万 km²）	占比（%）
0～300	10.89	13.33	10.94	13.39	11.99	14.68	8.24	10.09	10.78	13.2	8.66	10.61
301～450	23.52	28.80	30.85	37.77	24.81	30.38	21.55	26.39	24.80	30.37	27.54	33.72
451～600	30.44	37.27	31.19	38.19	33.39	40.89	34.55	42.31	32.93	40.32	19.59	23.98
601～700	11.63	14.24	6.84	8.38	9.43	11.54	13.15	16.10	10.08	12.35	14.45	17.70
701～860	5.19	6.36	1.85	2.27	2.04	2.50	4.18	5.11	3.08	3.77	11.43	13.99

5.2.2 生态需水量空间格局与变化趋势

1. 计算方法

基于遥感反演蒸散模型的特征，结合黄河流域实际，本研究通过构建遥感蒸散

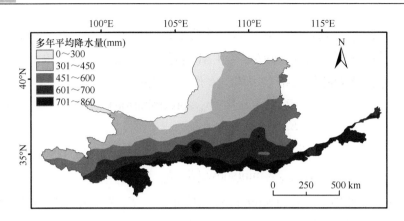

图 5.4　未来 30 年黄河流域多年平均降水量区域分布

模型估算蒸散量（ET，也称生态需水量），以探索黄河流域生态需水量的时空变化特征。采用 BEPS 模型对生态需水量进行研究，其是在 FOREST-BGC 模型的基础上经过不断改进、发展得到的，最初用于模拟加拿大北方森林生态系统的生产力，经过多次改进，已被许多学者用于中国、亚洲东部等区域 ET 空间分布格局的模拟中。

$$ET = T_{plant} + T_{under} + E_{plant} + E_{soil} + S_{plant} + S_{ground} \tag{5.1}$$

式中，T_{plant} 为上层植被蒸腾量（mm）；T_{under} 为下层植被蒸腾量（mm），非森林地区为 0；E_{plant} 为植被截留降水的蒸发量（mm）；E_{soil} 为土壤蒸发量（mm）；S_{plant} 为植被截留降雪的升华量（mm）；S_{ground} 为地表积雪的升华量（mm）。其中，

$$T_{plant} = \left[\frac{\Delta R_n + \rho c_p VPD / r_a}{\Delta + \gamma (1 + r_s / r_a)} \right] \bigg/ \lambda_v \tag{5.2}$$

式中，R_n 是作物冠层表面净辐射（W/m²），在模型中通过阴生叶和阳生叶分别计算，为短波辐射和长波辐射之和；Δ 是-1℃下饱和水汽压的曲线斜率（kPa/℃）；ρ 是空气密度（15℃时为 1.225kg/m³）；c_p 是常温下的空气比热[=1010J/(kg·℃)]；γ 为干湿表常数（kPa/℃）；VPD 是饱和水汽压差（kPa）；r_a 是空气动力学阻抗（m/s）；r_s 是表面阻抗（m/s）；λ_v 是水的气化潜热（J/kg）。

T_{plant} 也可以简化为

$$T_{plant} = T_{sun} LAI_{sun} + T_{shade} LAI_{shade}$$

$$LAI_{sun} = 2\cos\theta \left[1 - \exp\left(-0.5 \Omega LAI / \cos\theta \right) \right] \tag{5.3}$$

$$LAI_{shade} = LAI - LAI_{sun}$$

式中，T_{sun} 和 T_{shade} 分别为阳生叶和阴生叶的 ET（mm）；LAI_{sun} 和 LAI_{shade} 分别为阳生叶和阴生叶的叶面积指数（m^2/m^2）；LAI 为冠层总叶面积指数；θ（℃）为每日平均太阳天顶角；Ω 为叶集聚指数（草、农作物为 0.9）。

$$P_{int} = \min(LAIb_{int}, precipitation) \tag{5.4}$$

$$E_{plant} = \min(S_{int}b_{abs\ water}/\lambda_v, P_{int}) \tag{5.5}$$

$$S_{plant} = \min(S_{int}b_{abs\ snow\ new}/\lambda_s, P_{int}) \tag{5.6}$$

$$S_{ground} = \min(snow, (S - S_{int})c_{snow}/\lambda_s) \tag{5.7}$$

式中，b_{int} 为降水截留系数，precipitation 为降水量，P_{int} 为植被冠层截获后的水，当气温高于 0℃时，植被表面的水分蒸发，否则升华；$b_{abs\ water}$ 为水对太阳辐射的吸收率，赋值 0.5；$b_{abs\ snow\ new}$ 为新雪对太阳辐射的吸收率，赋值 0.1；λ_v 为水的蒸发潜热（0℃时为 2.5×10^6J/kg）；λ_s 为雪的升华潜热（0℃时为 2.8×10^6J/kg）；S_{int} 为截获的每日太阳辐射[J/($m^2\cdot$d)]；snow 为融雪后对应的水量（mm）；c_{snow} 为雪升华时太阳辐射转化为潜热的比例系数。

2. 多年生态需水量区域分布

黄河流域的多年平均生态需水量分布如图 5.5 所示，1980 年以来大体表现为东高西低，主要集中在 201～500mm，区域面积占比达 85.72%，东部少部分区域达到 701～1000mm。

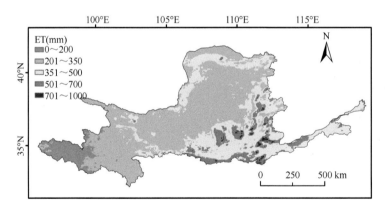

图 5.5　1981～2020 年黄河流域多年平均生态需水量区域分布

3. 区域生态需水量年际变化

1981～2020 年黄河流域平均生态需水量为 349.3mm，最小值出现在 1983 年（300.0mm），最大值出现在 2018 年（404.3mm）。构建的年份与生态需水量线性方

程为 $y=2.3419x+301.26$（$R^2=0.8015$），表明黄河流域生态需水量多年以来呈现明显的上升趋势，从 1981 年的 322.7mm 上升到 2020 年的 396.4mm，变化率为 1.84mm/a（图 5.6）。

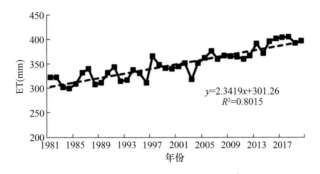

图 5.6　1981～2020 年黄河流域生态需水量年际变化

4. 不同年代生态需水量区域分布

黄河流域生态需水量自 20 世纪 80 年代到 21 世纪 10 年代呈现出明显的增加趋势。20 世纪 80 年代、90 年代、20 世纪头 10 年，黄河流域年均生态需水量大多集中在 201～350mm，而 21 世纪 10 年代区域面积占比大幅度减少，由 20 世纪 80 年代的 65.02%降至 42.67%；351～500mm 年均生态需水量的区域面积占比大幅增加，由 20 世纪 80 年代的 21.69%增至 21 世纪 10 年代的 37.15%；东南部地区继续保持高生态需水量，701～1000mm 年均生态需水量的区域面积略有增加（表 5.3 和图 5.7）。

表 5.3　黄河流域各年代年均生态需水量分区统计表

生态需水量（mm）	20 世纪 80 年代年均		20 世纪 90 年代年均		20 世纪头 10 年均		21 世纪 10 年代年均		多年平均	
	面积（万 km²）	占比（%）	面积（万 km²）	占比（%）	面积（万 km²）	占比（%）	面积（万 km²）	占比（%）	面积（万 km²）	占比（%）
0～200	6.87	8.42	5.74	7.03	4.34	5.32	3.09	3.78	4.82	5.91
201～350	53.10	65.02	49.69	60.85	44.40	54.37	34.85	42.67	46.07	56.41
351～500	17.71	21.69	21.02	25.73	26.31	32.22	30.34	37.15	23.94	29.31
501～700	3.84	4.71	4.95	6.06	6.08	7.45	11.51	14.10	6.38	7.81
701～1000	0.14	0.17	0.27	0.34	0.53	0.65	1.88	2.31	0.44	0.53

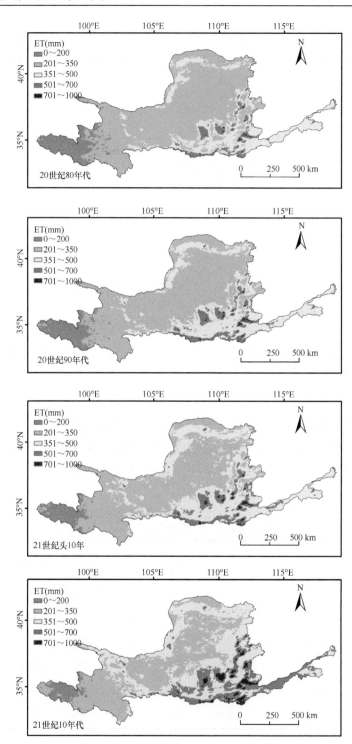

图 5.7　不同年代黄河流域年均生态需水量区域分布

5.2.3　产水量空间格局与变化趋势

1. 计算方法

黄河流域生态植被建设主要考虑降水的直接利用,灌溉用水优先级低于当地居民生活用水和生产用水,此外主要的耗水方式为蒸散。因此,黄河流域产水量可利用降水量和BEPS模型模拟的ET相减得到,即产水量=P−ET,其中P为降水量(mm);ET为蒸散量,即生态需水量(mm)。

2. 多年产水量区域分布

将黄河流域的多年产水量进行平均,1980年以来大体表现为南高北低,主要集中在1~300mm,面积占比为70.13%,其次为<0mm,区域面积占比为19.79%,南部少部分区域达到451~650mm,说明这些地区水资源丰富,有利于种植需水量较高的植物(图5.8)。

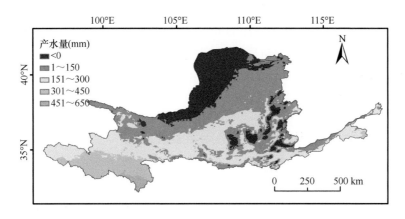

图 5.8　1981~2020 年黄河流域多年平均产水量区域分布

3. 区域产水量年际变化

1981~2020 年黄河流域平均产水量为 118.8mm,最小值出现在 1997 年(0.22mm),最大值出现在 2003 年(265.9mm)。构建的年份与产水量线性方程为 y=−1.8341x+156.39(R^2=0.1405),表明黄河流域产水量多年以来呈现下降趋势,从 1981 年的 163.8mm 下降到 2020 年的 107.9mm,变化率为 1.40mm/a(图5.9)。

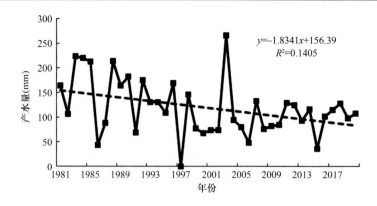

图 5.9　1981～2020 年黄河流域产水量年际变化

4. 不同年代产水量区域分布

黄河流域产水量自 20 世纪 80 年代到 21 世纪 10 年代呈现出下降趋势,大体表现为南高北低。20 世纪 80 年代,黄河流域的年均产水量大多集中在 151～300mm,区域面积占比为 37.43%;20 世纪 90 年代,151～300mm 年均产水量的区域面积大幅减少,占比降低为 27.59%,1～150mm 年均产水量的区域面积大幅增加,占比增加至 43.54%,其中东南部尤为明显;21 世纪头 10 年,451～650mm 年均产水量的区域面积大幅减少;21 世纪 10 年代,<0mm 和 1～150mm 年均产水量的区域面积大幅增加(图 5.10 和表 5.4)。

5.2.4　生态建设灌溉可用水量空间格局与变化趋势

1. 计算方法

重点生态功能区生态植被建设主要考虑降水的直接利用,灌溉用水优先级别低

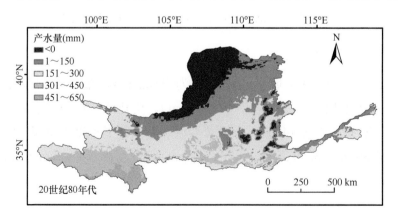

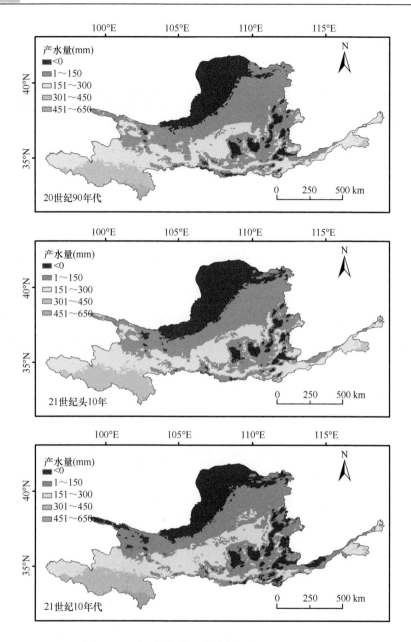

图 5.10　不同年代黄河流域年均产水量区域分布

于当地居民生活和生产用水，此外还需要考虑当地水域湿地的生态用水。因此，生态植被建设灌溉可用水量可利用 InVEST 模型模拟的年供水量减去生产和生活年用水量再乘以相应系数获得：

$$W_{\mathrm{I}} = \delta \times \left(\sum Y(x) - \sum C(x) \right)$$

（5.8）

式中，W_I 为生态植被建设灌溉可用水量（mm）；δ 为当地净剩余水量可用于生态植被建设的比例（%）；$Y(x)$ 为研究区栅格产水量（mm）；$C(x)$ 为研究区栅格耗水量（mm）。

表 5.4　黄河流域各年代年均产水量分区统计表

产水量（mm）	20 世纪 80 年代年均		20 世纪 90 年代年均		21 世纪头 10 年年均		21 世纪 10 年代年均		多年平均	
	面积（万 km²）	占比（%）	面积（万 km²）	占比（%）	面积（万 km²）	占比（%）	面积（万 km²）	占比（%）	面积（万 km²）	占比（%）
<0	13.09	16.02	15.95	19.53	18.46	22.61	19.20	23.50	16.16	19.79
1～150	23.96	29.34	35.56	43.54	32.46	39.75	32.78	40.14	31.63	38.73
151～300	30.57	37.43	22.53	27.59	23.10	28.29	21.30	26.08	25.64	31.40
301～450	11.64	14.25	6.86	8.40	7.51	9.20	7.44	9.11	7.35	9.00
451～650	2.42	2.96	0.77	0.94	0.13	0.16	0.96	1.18	0.88	1.08

区域供给量减去消耗量剩余的水量并不能完全用于生态植被建设灌溉，其中有很大部分用于保证河流径流量以维持河道生态平衡和净化能力，这部分水量称作河流环境流量。有关河流环境流量计算方法的研究表明，河流环境流量管理可以分为 A、B、C、D、E、F 六个等级（表 5.5）。其中，维持 A、B 两个管理等级目标需要 60%～80% 的年均径流量，维持 C、D 两个管理等级需要 40%～50% 的年均径流量，维持 E、F 两个管理等级需要 20%～40% 的年均径流量。本研究中剩余水量可用于生

表 5.5　河流环境流量管理等级

等级	最可能的生态条件	管理观点
A	自然河流，河流和沿岸栖息地仅微小改变	受保护的河流和盆地、水库和国家公园，不允许新建水利设施（水坝建设）
B	轻微改变的河流，存在水资源开发和利用，但生物多样性和栖息地完整	可用于灌溉和供水
C	生物的栖息地和活动受到干扰，但基本的生态系统功能仍然完好，一些敏感物种在一定程度上丧失或减少，有外来物种存在	与社会经济发展存在冲突，如大坝、分流、栖息地改变和水质降低
D	自然栖息地，生物种群和基本生态系统功能有巨大变化，物种丰富度明显降低，外来物种占优势	与流域和水资源开发存在明显的冲突，包括水坝、分流、栖息地改变和水质退化
E	栖息地的多样性和可用性下降，物种丰富度明显降低，只有耐受的物种才能保留，植被不能繁殖，外来物种入侵生态系统	高人口密度和广泛的水资源开发，一般而言，这种状况不能作为管理目标而被接受，应该将管理干预措施转移到更高的管理类别
F	生态系统已经完全改变，几乎完全丧失了自然栖息地和生物种群，基本的生态系统功能已被破坏，变化是不可逆转的	从管理角度看，这种状况是不能接受的，为恢复流域格局和河流栖息地需要将河流移动到更高的管理类别

态植被建设灌溉，但不能损坏原有河流生态系统，即对应河流环境流量管理等级的
A 和 B 级，即需要维持原有年均径流量的 60%～80%，均值为 70%，则当地净剩余
水量可用于生态植被建设灌溉的比例 δ 取 30%。

重点生态功能区可用于生态植被建设的灌溉水量研究以县为单元，仅县域范围
内可用于生态植被建设的灌溉水量大于 0mm 时，才考虑通过灌溉来补充植被生态需
水亏缺量以开展植被建设。

2. 多年生态建设灌溉可用水量区域分布

黄河流域多年平均生态建设灌溉可用水量由南向北呈递减趋势（图 5.11）。从整
体上来看，南部生态建设灌溉可用水量最大；西南部最多大于 101mm，甚至部分地
区大于 151mm，其北部相接处部分仅为 51～100mm；中部以及北部都较少，小于
50mm，并且这一部分包含了黄河流域的大部分区域，其中西部及东部一些地区甚至
小于 0mm。

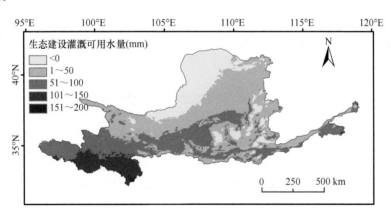

图 5.11　1981～2020 年黄河流域多年平均生态建设灌溉可用水量区域分布

3. 区域生态建设灌溉可用水量年际变化

1981～2020 年黄河流域平均生态建设灌溉可用水量为 35.6mm，最小值出现在
1997 年（0.07mm），最大值出现在 2003 年（79.77mm）。构建的年份与生态建设灌
溉可用水量线性方程为 $y=-0.5502x+46.918$（$R^2=0.1405$），表明黄河流域生态建设灌
溉可用水量多年以来呈现下降趋势，从 1981 年的 49.1mm 下降到 2020 年的 32.4mm，
变化率为 0.5502mm/a（图 5.12）。

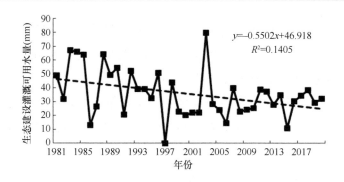

图 5.12　1981～2020 年黄河流域生态建设灌溉可用水量年际变化

4. 不同年代生态建设灌溉可用水量区域分布

从整体看，黄河流域生态建设灌溉可用水量有逐年减少趋势，绝大部分区域在 100mm 以下，其中 20 世纪 80 年代、90 年代、21 世纪头 10 年和 10 年代 100mm 以下年均可用水量的区域面积占比分别为 87.75%、93.38%、94.48% 和 92.47%，且 0mm 以下年均可用水量的区域面积激增，占比由 20 世纪 80 年代的 16.02% 增至 21 世纪 10 年代的 23.50%。多年以来南部生态建设灌溉可用水量大，在 150mm 以上（图 5.13 和表 5.6）。

表 5.6　黄河流域各年代年均生态建设灌溉可用水量分区统计表

| 生态建设灌溉可用水量（mm） | 20 世纪 80 年代年均 | | 20 世纪 90 年代年均 | | 21 世纪头 10 年年均 | | 21 世纪 10 年代年均 | | 多年平均 | | 未来 30 年 | |
	面积（万 km²）	占比（%）	面积（万 km²）	占比（%）	面积（万 km²）	占比（%）	面积（万 km²）	占比（%）	面积（万 km²）	占比（%）	面积（万 km²）	占比（%）
<0	13.09	16.02	15.95	19.53	18.46	22.61	19.20	23.50	16.16	19.79	23.70	29.02
1～50	27.64	33.84	40.63	49.74	36.44	44.62	36.20	44.32	35.68	43.69	31.26	38.28
51～100	30.95	37.89	19.69	24.11	22.26	27.25	20.13	24.65	23.83	29.18	16.55	20.26
101～150	8.92	10.92	5.26	6.44	4.49	5.50	5.89	7.21	5.83	7.13	7.51	9.19
151～200	1.08	1.32	0.15	0.18	0.02	0.02	0.26	0.31	0.17	0.21	2.66	3.25

5. 未来 30 年生态建设灌溉可用水量区域分布

未来 30 年黄河流域生态建设灌溉可用水量整体呈缓慢减少趋势，但生态建设灌溉可用水量大的地区可用水量在持续增多，加剧了区域内水分的地区分布不均。其中，生态建设灌溉可用水量在 101～200mm 和 <0mm 的地区可用水量都在增多，而在 1～100mm 的地区可用水量显著减少（图 5.14）。

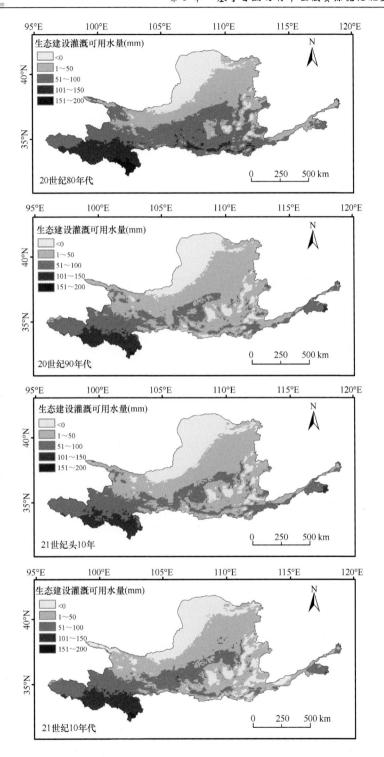

图 5.13　不同年代黄河流域年均生态建设灌溉可用水量区域分布

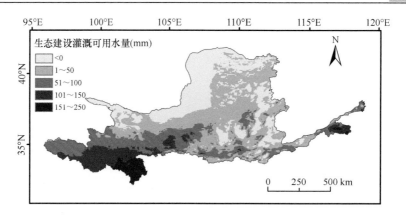

图 5.14 未来 30 年黄河流域生态建设灌溉可用水量区域分布

5.2.5 综合植被可利用降水量空间格局与变化趋势

1. 计算方法

生态系统水量平衡方程的表达式为

$$P = \sum E + \sum R \pm \Delta W \pm \Delta Q \pm \Delta K \quad (5.9)$$

式中，P 为降水量（mm）；$\sum E$ 为总蒸散量（mm）；$\sum R$ 为总径流量（mm）；ΔW 为土壤储水变化量（mm）；ΔQ 为植被体内储水变化量（mm）；ΔK 为枯落物层储水变化量（mm）。在一个较长时期内，水量平衡方程中的 ΔW、ΔQ、ΔK 都可视为 0，即降水量可分为两部分，一部分以水汽的形式蒸发、蒸腾出去，另一部分则以液态水的形式流动。因此式（5-9）可以简化为

$$P = \sum E + \sum R \quad (5.10)$$

其中，

$$\sum E = \mathrm{ET} + \mathrm{VT} + \mathrm{ST} \quad (5.11)$$

式中，ET 为植被（包括林冠、下木层和草本层）蒸腾量（mm）；VT 为植被截留降水的蒸发量（mm）；ST 为土壤蒸发量（mm）。

$$\sum R = R_{\mathrm{s}} + R_{\mathrm{g}} + R_{\mathrm{m}} \quad (5.12)$$

式中，R_{s} 为地表径流量（mm）；R_{g} 为地下径流量（mm）；R_{m} 为土壤中径流量（mm），很少，基本可以忽略不计。

对于仅依赖自然降水的陆地生态系统而言，地表径流与地下径流在降水发生后被输出到系统之外，不能直接利用。而植被蒸腾量、土壤蒸发量和植被截留降水的

蒸发量等是植被及其所处生态系统生存与发展必不可少的水资源量。因此，在样地尺度内，降水扣除地表径流与地下径流后则是陆地生态系统的有效降水量，是理论上自然生态系统的最大可利用降水量：

$$W_a = P + R_s + R_g \qquad (5.13)$$

式中，W_a 为陆地生态系统的可利用降水量（mm）。

地表径流与地下径流可利用其与降水量的比值计算获得，因此可利用降水量的计算公式为

$$W_a = P \times (1 - \alpha - \beta) \qquad (5.14)$$

式中，α 为地表径流量与降水量的比值，即地表径流系数（%）；β 为地下径流量与降水量的比值，即地下径流系数（%）。

现状植被可利用降水量计算所使用的降水数据为 1980～2015 年平水年降水量，未来 30 年可利用降水量计算所使用的降水数据为基于 1951～2018 年共 68 年的逐日降水资料预测得到的平水年降水量，综合植被可利用降水量为现状植被可利用降水量与未来 30 年可利用降水量的较小者。

在实际的防护林建设过程中，聚落、湿地和水体部分不作为造林用地，因此其也不会发展成为对应气候带下的顶极植被群落，即在雨养植被情况下，这部分地区的降水不能直接用于生态系统中植被的生长，因此本研究不考虑聚落、湿地和水体的可利用降水量，将其视为 0。此外，在计算过程中要结合现有的土地覆被类型计算可利用降水量（表 5.7）。

表 5.7　结合土地覆被类型的可利用降水量计算方法

土地覆被类型	可利用有效降水量计算公式
森林、草地、农田、裸地	降水量-对应气候带顶极植被群落径流量
聚落、湿地、水体	0
荒漠	降水量

全国与重点建设区层次的可利用降水量研究基于 1km 栅格数据，土地覆被数据（空间分辨率为 1km）来源于中国科学院遥感与数字地球研究所；县域尺度的可利用降水量研究基于 30m 栅格数据。为使研究结果更接近实际，本研究采用 2017 年基于 Landsat 8 遥感影像解译获得的土地利用数据（空间分辨率为 15m），其来源于北京数字空间科技有限公司。

径流系数主要包括地表径流系数和地下径流系数，可通过查阅文献得到不同气

候分区下顶极植被群落的径流系数，顶极植被群落可以参考中国植被区划确定，而中国植被区划数据来源于中国科学院资源环境科学与数据中心的 1∶100 万植被图。需要注意的是，土地利用/植被覆盖变化的水文影响通常是在特定尺度和特定环境下实测得到的，不同研究结果之间常常存在较大差别，可能是由于存在尺度效应，其不能简单外推应用到其他环境和尺度等级，这种"尺度效应"限制了特定研究成果的推广应用。本研究采用的径流系数均为坡面径流场的径流系数（表 5.8）。

表 5.8　各种生态系统类型的径流系数均值表

生态系统类型 1	生态系统类型 2	平均径流系数（%）
森林	常绿阔叶林	2.67
	常绿针叶林	3.02
	针阔混交林	2.29
	落叶阔叶林	1.33
	落叶针叶林	0.88
	稀疏林	19.20
灌丛	常绿阔叶灌丛	4.26
	落叶阔叶灌丛	4.17
	针叶灌丛	4.17
	稀疏灌丛	19.20
草地	草甸	8.20
	草原	4.78
	草丛	9.37
	稀疏草地	18.27
湿地	湿地	0.00

2. 多年综合植被可利用降水量区域分布

将黄河流域的多年综合植被可利用降水量进行平均，1980 年以来大体表现为南高北低，南部少部分区域达到 601~833mm，而北部区域较少，仅为 0~300mm（图 5.15）。

3. 区域综合植被可利用降水量年际变化

1981~2020 年黄河流域平均综合植被可利用降水量为 410.6mm，最小值出现在 1997 年（321.1mm），最大值出现在 2003 年（511.4mm）。构建的年份与综合植被可利用降水量线性方程为 $y=-0.4462x+401.5$（$R^2=0.0164$），表明黄河流域综合植被可利用降水量多年以来略有上升，从 1981 年的 428.2mm 上升到 2020 年的 442.0mm，变化率为 0.35mm/a（图 5.16）。

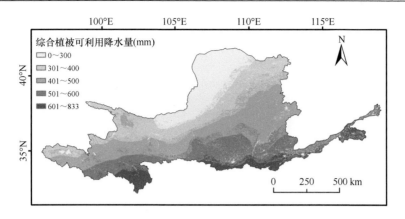

图 5.15　1981～2020 年黄河流域多年平均综合植被可利用降水量区域分布

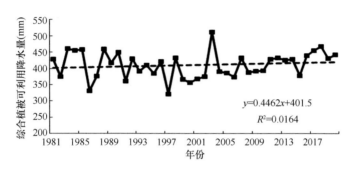

图 5.16　1981～2020 年黄河流域综合植被可利用降水量年际变化

4. 不同年代综合植被可利用降水量区域分布

黄河流域综合植被可利用降水量自 20 世纪 80 年代到 21 世纪 10 年代呈现出增加趋势，大体表现为南高北低。从 20 世纪 80 年代到 21 世纪头 10 年黄河流域 501～600mm 以及 601～833mm 年均综合植被可利用降水量的区域面积大幅度减少，占比分别由 20.38% 和 10.72% 降至 18.33% 和 6.57%；401～500mm 年均综合植被可利用降水量的区域面积大幅增加，占比由 27.85% 增至 31.29%。21 世纪 10 年代 501～600mm 和 601～833mm 年均综合植被可利用降水量的区域面积又有所增加，占比分别为 26.59% 和 9.92%（图 5.17 和表 5.9）。

5. 未来 30 年综合植被可利用降水量区域分布

未来 30 年黄河流域综合植被可利用降水量整体呈缓慢上升趋势，大体表现为南高北低、东高西低。与 1980 年以来多年平均相比，黄河流域未来 30 年 0～300mm 和 401～500mm 综合植被可利用降水量的区域面积显著减少，而 301～400mm 和

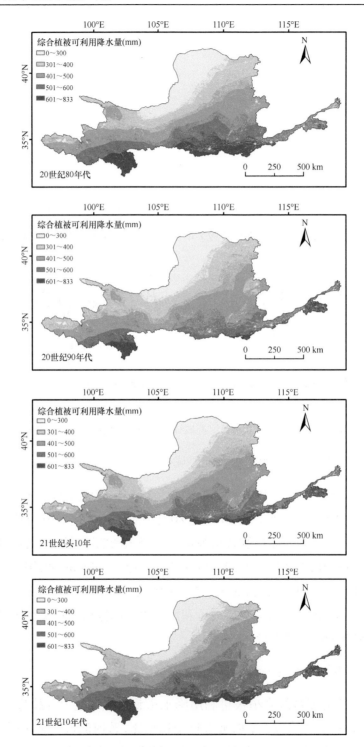

图 5.17　不同年代黄河流域年均综合植被可利用降水量区域分布

表 5.9　黄河流域各年代年均生态建设灌溉可用水量分区统计表

综合植被可利用降水量（mm）	20 世纪 80 年代年均		20 世纪 90 年代年均		21 世纪头 10 年年均		21 世纪 10 年代年均		多年平均		未来 30 年	
	面积（万 km²）	占比（%）	面积（万 km²）	占比（%）	面积（万 km²）	占比（%）	面积（万 km²）	占比（%）	面积（万 km²）	占比（%）	面积（万 km²）	占比（%）
0～300	16.37	20.05	16.26	19.91	17.16	21.01	14.03	17.18	15.90	19.47	15.63	19.14
301～400	17.15	21.00	23.03	28.20	18.61	22.79	15.26	18.69	18.22	22.31	20.59	25.21
401～500	22.75	27.85	27.22	33.33	25.56	31.29	22.56	27.62	25.02	30.63	13.09	16.02
501～600	16.64	20.38	11.54	14.13	14.97	18.33	21.72	26.59	16.02	19.61	16.77	20.54
601～833	8.75	10.72	3.62	4.43	5.37	6.57	8.10	9.92	6.52	7.98	15.59	19.09

500mm 以上综合植被可利用降水量的区域面积显著增大，南部增加尤为明显，说明未来 30 年黄河流域水资源状况依旧保持良好状态（图 5.18）。

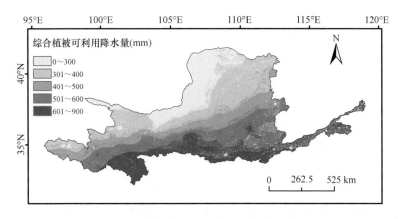

图 5.18　未来 30 年黄河流域综合植被可利用降水量区域分布

5.3　林草植被理论承载潜力

5.3.1　计算方法

水资源承载力指的是在一定流域或区域内，其自身水资源能够持续支撑经济社会（包括工业、农业、社会、人民生活等）发展规模，并良好维系生态系统的能力。本研究结合各类植被的生态需水量阈值，利用综合植被可利用降水量确定乔灌草植被承载潜力。

首先，采用基于植物蒸散量的植被生态需水量计算方法核算植被生态需水量阈值。经计算，黄河流域森林植被、灌丛植被、典型草地植被、荒漠平原植被的阈值分别为 519.0mm、437.8mm、360.3mm、214.0mm，具体计算过程如下。

1. 森林植被

由于年降水量、森林类型、年均气温等气象因素差异显著，因此各气候带森林植被的生态需水量差异显著。黄河流域主要位于湿润中温带（图5.19中红线对应的年生态需水量为湿润中温带森林的年均生态需水量），后者森林年生态需水量平均为519mm，其中有60%的森林年生态需水量小于平均值。

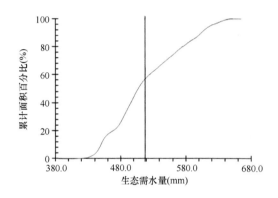

图5.19　湿润中温带森林年生态需水量分布特征

2. 灌丛植被

由于年降水量、灌丛类型、年均气温等气象因素差异显著，因此各气候带灌丛植被的生态需水量差异显著。黄河流域主要位于湿润中温带（图5.20红线对应的年生态需水量为湿润中温带灌丛的年均生态需水量），后者灌丛年生态需水量平均为437.8mm，其中有近40%的灌丛年生态需水量小于等于平均值。

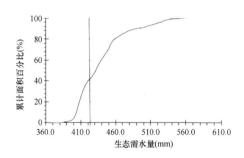

图5.20　湿润中温带灌丛年生态需水量分布特征

3. 典型草地植被

由于年降水量、草地类型、年均气温等气象因素差异显著，因此各气候带典型草地植被的生态需水量差异显著。黄河流域主要位于湿润中温带（图 5.21 红线对应的年生态需水量为湿润中温带典型草地的年均生态需水量），后者典型草地年生态需水量平均为 360.3mm，其中有近 40%的典型草地年生态需水量小于平均值。

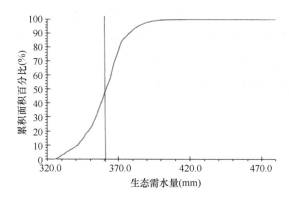

图 5.21　湿润中温带典型草地年生态需水量分布特征

4. 荒漠草原植被

位于湿润中温带（图 5.22 红线对应的年生态需水量为荒漠草原的年均生态需水量）的黄河流域有荒漠草原分布。湿润中温带荒漠草原年生态需水量平均为 214mm，其中有 55%以上的荒漠草原年生态需水量低于平均值。

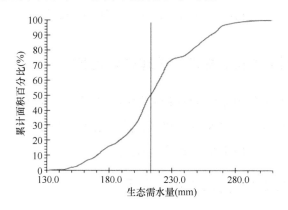

图 5.22　湿润中温带荒漠草原年生态需水量分布特征

5.3.2 基于综合植被可利用降水量的林草植被理论承载潜力

根据 21 世纪 10 年代黄河流域综合植被可利用降水量分布与林草植被生态需水量阈值，可以计算得到黄河流域林草植被理论承载潜力区域分布。总体来看，黄河流域水资源较为丰富，大部分区域水资源可以供给草原、灌丛和森林植被。与综合植被可利用降水量分布类似，黄河流域适宜种植的植被类型由南向北呈条带状分布，南部综合植被可利用降水量较多，因此适宜种植森林植被；黄河流域适宜种植的植被类型由南到北依次为森林、灌丛、草原、荒漠；北部少部分区域零星分布裸地，即综合植被可利用降水量少，不适宜种植任何植被（图 5.23）。

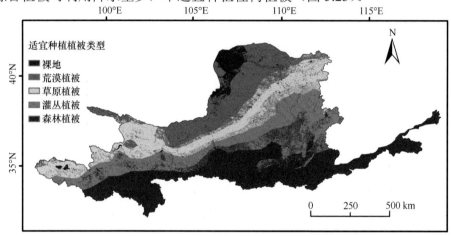

图 5.23　基于综合植被可利用降水量的黄河流域林草植被理论承载潜力区域分布

5.3.3 基于土地利用现状的林草植被理论承载潜力

黄河流域基于土地利用现状适宜种植的植被类型分布特征如图 5.24 所示，由东南向西北呈条带状分布，依次为森林植被、灌丛植被、草原植被、荒漠植被和裸地，除裸地分布较少以外，其他类型大致占比相同。

5.3.4 基于水资源承载力的植被优化配置

对现有植被分布与适宜种植植被类型分布进行比较，可以细分出 3 种类型的地区。不变地区表示该地区现有植被符合适宜种植植被类型，多数分布在黄河流域中部的西北方向，东南部有小部分密集分布（图 5.25）。生态修复地区说明该地区现有

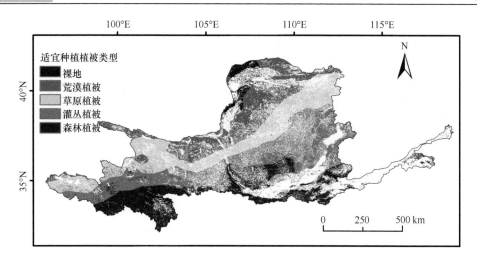

图 5.24　基于土地利用现状的黄河流域林草植被理论承载潜力区域分布

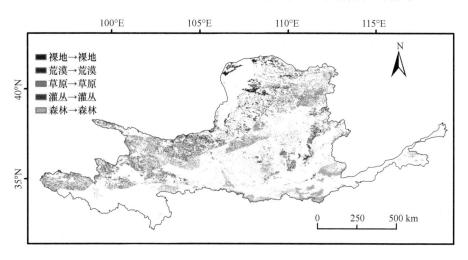

图 5.25　黄河流域优化配置不变地区

植被的需水量大于供水量，其配置超出了适宜植被规划，需要退化为次级的适宜种植植被类型，主要分布在黄河流域的西北部，东部有少量分布，其中西北部以草原向荒漠、裸地退化为主，东部以森林向灌丛退化为主（图 5.26）。提升地区表明该地区现有植被的需水量小于供水量，可以提升为高级的适宜种植植被类型，主要分布在黄河流域的南部和中部，其中南部以草原向灌丛和森林提升为主，中部以荒漠向灌丛提升为主（图 5.27）。

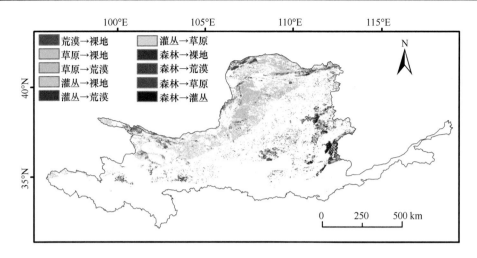

图 5.26　黄河流域优化配置生态修复地区

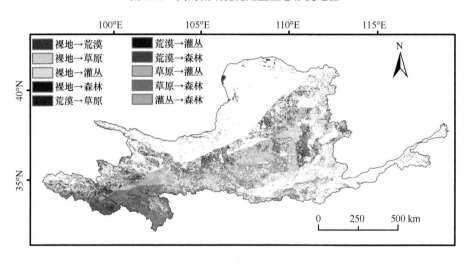

图 5.27　黄河流域优化配置提升地区

黄河流域植被优化配置方案各部分理论计算结果如表 5.10 所示，除去城镇、水体等无法利用的土地外，升级改造型区域面积最大。在需要进行养护的植被下垫面中，升级改造型面积为 25.22 万 km²，占区域总面积的 30.88%；维持管护型面积为 13.74 万 km²，占区域总面积的 16.83%；生态修复型面积为 12.02 万 km²，占区域总面积的 14.72%。可见，黄河流域水资源条件有利于区域内植被的升级改造，其中理论可改造范围最广的下垫面为草原升级为森林。

表 5.10　黄河流域理论适宜种植植被情况与实际情况统计

优化配置类型		现状植被	水资源可承载植被	面积（万 km²）	比例（%）
升级改造型	森林-升级改造型	灌丛	森林	1.40	1.71
		草原	森林	6.75	8.27
		荒漠	森林	1.46	1.79
		裸地	森林	0.37	0.45
	灌丛-升级改造型	草原	灌丛	6.45	7.89
		荒漠	灌丛	3.74	4.58
		裸地	灌丛	0.57	0.70
	草原-升级改造型	荒漠	草原	3.49	4.27
		裸地	草原	0.49	0.60
	荒漠-升级改造型	裸地	荒漠	0.50	0.61
	小计			25.22	30.88
维持管护型	森林-维持管护型	森林	森林	2.51	3.08
	灌丛-维持管护型	灌丛	灌丛	2.31	2.83
	草原-维持管护型	草原	草原	5.40	6.61
	荒漠-维持管护型	荒漠	荒漠	3.35	4.10
	裸地-维持管护型	裸地	裸地	0.17	0.21
	小计			13.74	16.83
生态修复型	灌丛-生态修复型	森林	灌丛	2.09	2.56
	草原-生态修复型	森林	草原	0.74	0.91
		灌丛	草原	0.69	0.84
	荒漠-生态修复型	森林	荒漠	0.43	0.53
		灌丛	荒漠	0.44	0.54
		草原	荒漠	6.19	7.58
	裸地-生态修复型	森林	裸地	0.04	0.05
		灌丛	裸地	0.02	0.02
		草原	裸地	0.73	0.90
		荒漠	裸地	0.65	0.79
	小计			12.02	14.72
其他		城镇用地、水体等		30.69	37.58
合计				81.67	100.00

注：表中的部分比例数据因修约与按表中数据运算的结果略微存在差异。

5.4　适水性植被优化配置方案

黄河流域未来的生态修复必须牢固树立以水定林草的发展理念。根据水资源时空分布特点，以水而定、量水而行，大力发展雨养林草植被建设。统筹科学配置乔木、灌木、草本植物，优化造林树种结构，扩大植灌种草面积。从造林种草的实际需要和水资源承载力相适应出发，以不同区域的自然降水为主要依据，因地制宜发展雨养林草植被，建设稳定高效可持续的生态系统。高度重视上中游人居环境短板，加大城镇和乡村周边造林种草绿化力度。稳定坡耕地和沙化耕地退耕还林还草规模，并对严重污染耕地、移民搬迁腾退耕地、地下水超采耕地、国家公园和国家级自然保护区核心保护区耕地等进行退耕还林还草，分类分批开展历史遗留矿山生态修复，拓展生态空间。

5.4.1　以县域为尺度，编制基于水资源承载力的林草植被建设与保护方案

黄河流域平均降水量为 467mm，现有植被与水资源承载力之间的关系敏感复杂，新时期进行林草植被的建设迫切需要编制基于水资源承载力的林草植被建设方案。现有数据和技术积累可以支撑在县域尺度进行高分辨率林草植被水资源承载力的空间计算，通过对比现状林草植被与水资源可承载林草植被规模，识别不同空间单元现状植被与水资源可承载植被的匹配关系，进而确定基于水资源承载力的乔灌草植被优化配置方案。黄河流域各县应编制基于水资源承载力的林草植被建设与保护方案并以此进行林草植被建设布局，可将以水定绿落到实处。

5.4.2　将已有林草植被维持管护列入黄河流域生态修复的主要任务之中

黄河流域现有植被综合覆盖率为 51.33%，大部分区域水资源可以供给草原、灌丛和森林植被。与综合植被可利用降水量分布类似，黄河流域适宜种植的植被类型由南向北呈条带状分布，南部综合植被可利用降水量较多，因此适宜种植森林植被；适宜种植的植被类型由南到北依次为森林、灌丛、草原、荒漠；北部少部分区域零星分布裸地，即综合植被可利用降水量不适宜种植任何植被。新时期应将已有林草植被维持管护纳入黄河流域生态修复总体方案之中，以巩固现有工程建设成果。此外，尽管这些斑块区域的水资源仍可维持其林草植被，但早期建设的防护林等林草植被已经进入退化阶段，需要通过补植、刈割等手段进行退化植被修复。

5.4.3　对局部水资源超载的林草植被进行生态改造修复

通过近几十年的生态保护建设，黄河流域林草植被面积有较大幅度的扩大，林草植被覆盖率、森林蓄积量均有显著提高，生态环境明显改善。尽管总体上来看，

现有林草植被的规模与水资源承载力是适应的，但随着林草植被群落面积的扩大和生物量的不断增长，局部林草植被难免出现水资源超载现象，尤其是西北荒漠区超载现象尤为突出。现估计占总面积 12%的林草植被存在不同程度的水资源超载情况或受到降水不足的影响，其现有植被群落耗水超过水资源承载力，需要通过砍伐乔木、栽植或播种相应灌木或草本植物物种、停止灌溉等措施逐渐将现有植物群落恢复为适宜该区域水资源理论承载力的植物群落，从而促进植物群落稳定发展。建议对局部水资源超载的林草植被进行生态改造修复，并将林草植被改造修复纳入黄河流域生态修复总体方案之中。

5.4.4　在水资源承载力仍有盈余的区域，高质量建设乔灌植被

黄河流域水资源承载力盈余的斑块面积仍有约 25.22 万 km²，占植被优化配置总面积的 30.88%。从水资源承载力角度看，森林植被覆盖率可从现有的 11.49%提高到 29.55%，灌丛植被覆盖率可从现有的 9.53%提高到 25.89%，说明森林植被有较大增加余地，灌丛植被也有一定扩大潜力。

黄河流域现有荒漠植被与草原植被占比高于理论值，而裸地、灌丛植被和森林植被占比则低于理论值。因此，在黄河流域的适水性植被优化配置方案中，水资源尚可被进一步利用，可以适当增大森林与灌丛植被覆盖面积，适当减少荒漠与草原植被覆盖面积，尤其在水资源丰富的南部地区，优化配置适水性植被的分布与占比对合理利用区域水资源有重要意义。

在水资源承载力仍有盈余的区域，建议未来植被建设遵循地理与生态规律，按沿经度与纬度的水平地带性分布规律、沿海拔的垂直地带性分布规律以及阴坡与阳坡由水分与热量不同导致的差异，分别选择适合的乔灌植被，做到适地适树、适地适灌，充分利用乡土树种，建立稳定的林草植被群落，高质量建设乔灌植被。

5.4.5　同时注重生态效益和经济效益，适当增加经济树种比例，干旱区造林要关注用水成本

黄河流域所在范围也是我国的经济欠发达地区，植被建设过程中应尽量考虑其未来产生的经济效益。通过本研究发现，黄土高原南部、黄河下游地区雨水资源相对丰富，适合乔木树种生长。在植被建设中，可适当考虑增加经济林比例，通过经济树种与生态树种混交或者经济林与生态林镶嵌布局，兼顾植被建设的生态效益与经济效益。一方面可尽快促进当地人口收入提高，另一方面可调动当地居民积极性，

确保植被建设成果得到保存。此外，在调查中我们注意到，一些干旱区曾经营造了大片的乔木生态林，其每年每亩需要浇水 500m³ 以上，近年来随着水资源有偿使用和计收水费等政策的实施，灌溉成本逐渐成为越来越沉重的财政负担。未来在干旱区进行造林时，即使有水资源承载力保障，也须考虑用水成本负担，要量力而行。

5.4.6　各地量力而行逐步提高生态用水份额，保障林草植被建设生态用水

绿色林草植被是人类生存必不可少的基础，其提供的生态效益、社会效益与人类生活息息相关，甚至被认为是人类聚居地必要的生态基础设施。在干旱半干旱的黄河中上游地区，绿色植被对当地居民生产生活意义重大。城镇与农村居民点周边、道路两侧、河流两岸等区域，在植被降水水分承载力不足的情况下，难免需要额外的地表水或地下水资源通过灌溉或直接利用的方式用于植被建设，以便为人类聚居区域的居民提供必要的生态基础设施。从黄河流域相关省份来看，除宁夏外，其余地区尽管人工生态环境补水量在逐年提高，但灌溉补水型的植被建设用水量仍有较大提升潜力，各地可量力而行逐步提高生态用水份额，保障林草植被建设生态用水。

第 6 章　黄河流域典型山区生态修复治理

6.1　六盘山生态修复案例

6.1.1　地理位置及基本情况

六盘山地处宁夏南部的黄土高原，地跨固原市原州区、隆德、泾源 3 地，是我国"黄土高原-川滇生态屏障"的重要组成部分，植被类型丰富，有"绿色明珠"之称，在维持周边地区的生态安全方面发挥着重要作用。六盘山是泾河、葫芦河和清水河等黄河支流的源头，被誉为"湿岛"。六盘山也是游牧文化、农耕文化以及多种信仰的交界地带，有回、汉等民族聚居在此。

六盘山山脉狭长，呈南北走向，长约 110km，东西宽 5～12km，外围是土石山区，核心则为石质山地，是黄河流域典型的土石山区。气候属中温带半湿润气候（南部）向半干旱气候（北部）的过渡带：年日照时数 2200～2400h，年均温 5～6℃，年降水量 677mm。海拔 1700～2942m，相对高差大于 1200m；水平地带性植被以森林和草原为主，具由低山草甸草原、阔叶混交林、针阔混交林和阔叶矮林等组成的垂直植被景观。

1980 年国务院将六盘山确定为重要水源涵养区，1988 年批准成立六盘山国家级自然保护区（35°15′～35°41′N、106°09′～106°30′E）。近 40 年来，六盘山地区相继实施了三北防护林和退耕还林还草等重点生态工程，营造了大面积的水源涵养林，仅华北落叶松人工林面积就达 24.6 万亩，其生态环境得到了显著改善。截至 2021 年，固原市森林面积达 430.55 万亩，森林覆盖率达 27.28%。监测数据表明：六盘山国家级自然保护区共有植物 110 科 442 属 1072 种，陆生脊椎动物 25 目 61 科 226 种，无脊椎动物 13 纲 47 目 332 科 3554 种。

6.1.2　林业生态修复问题

作为水分限制型生态系统，受过去干旱胁迫和树种选择不当等综合因素的影响，部分地区的水源林存在造林成活率和保存率不高等实际问题；同时，现存水源林的树种组成单一、密度大、层次发育不完整，导致林水矛盾突出、林分稳定性差（如雪折）、病虫害严重和水文功能低等普遍问题（图6.1）。

图6.1　六盘山水源林存在密度大（左）、病虫害严重（中）和稳定性差（右）问题

《黄河流域宁夏段国土绿化和湿地保护修复规划（2020—2025年）》提出，强化森林抚育、退化林修复，重点对六盘山土石山区密度过大、病虫害较重、林分退化、易遭雪压危害的人工纯林进行森林质量精准提升20万亩，改善其林分质量，提高综合效益。尤其是在气候变化和人类活动双重影响引起水资源限制日益加剧的背景下，系统地认识人工林的林水关系及其生态水文学机制，研发出基于林水协调关系的森林植被水分管理和可持续经营技术，已成为该区乃至北方人工植被建设与生态恢复亟待解决的关键问题。

6.1.3　水源涵养型人工植被生态修复技术

本案例基于长期定位观测、同位素分析、树木年轮学和数值模拟等综合方法，深入理解了人工林的水分利用特征、平衡规律及其影响机制，研发了低耗水树种选择、基于土壤水分承载力的植被合理密度确定和复层改造等关键技术，并集成试验示范，为落实国家"以水定绿"的科学绿化方针、实现旱区水源涵养林的水分管理与可持续经营提供了途径和范例。

1. 关键技术一：基于多尺度综合评价的低耗水树种选择技术

针对研究多集中于叶片且多为盆栽试验，存在结果无法直接应用于实践的问题，主要从叶片、个体和群落尺度系统评价了六盘山主要树种的耐旱性、气体交换特性及群落水分利用特征，为实现"适地适树"原则提供了新方法。包括：①在叶片尺度结合应用压力-容积曲线（PV曲线）、气体交换和同位素分析技术综合评价了主要树种的水分适应性，发现半湿润区树种顺序为华山松>少脉椴>华北落叶松>辽东栎>红桦>白桦>糙皮桦，半干旱区顺序为华北落叶松>山桃>沙棘>山杨，说明针叶树种的水分适应性要好于阔叶树种。②应用树干液流法测定估计了主要树种的单株蒸腾量，结果显示，生长季前期为红桦>华山松>白桦>华北落叶松；生长季中期为红桦>白桦>华北落叶松>华山松。③分析了典型植被群落的产流功能，发现草地和灌丛（沙棘）属于径流生产型植被；亚乔木林（山桃）属于水源平衡型植被；而乔木（华北落叶松）和人工草地（苜蓿）则属于水源消耗型植被。该技术不仅强调了须优先选择耐旱性强、水分利用效率高的树种的原则，还要考虑其群落结构，如华北落叶松虽较耐旱且单株水分消耗较低，但若密度过大会导致林分水分消耗过大。

2. 关键技术二：基于土壤水分承载力的合理林分密度确定技术

传统造林多以降水量为依据，未考虑林分水分利用特征和立地土壤水分承载力阈值，从而导致高密度人工林水分稳定性差的问题。在荒山宜林地造林实践中，苗木成活与生长均依赖于其从土壤中吸收的有效水分，而土壤中可提供树木吸收的水分总量又取决于土壤厚度。因此，基于不同立地条件下树木可利用土壤水分的坡面分布规律，结合蒸散量与叶面积指数（LAI）或密度之间的关系，提出了"基于土壤水分承载力的合理林分密度确定技术"（图6.2），为合理的林分密度调控、实现"以水定绿"的合理绿化提供了依据。

图 6.2　基于土壤水分承载力的合理林分密度确定技术的 4 个步骤

E 蒸散量（mm）；W 土壤有效水容量（mm）；LAI 叶面积指数；T 土壤厚度；N 林分密度（株/hm^2）

3. 关键技术三：低功能水源涵养林复层改造的比较评价技术

针对六盘山现有水源涵养林结构单一（垂直结构不完整）、稳定性差和水源涵养功能低的问题，以空间代替时间的方法，系统测定并评价了华北落叶松单层林和复层林乔木层、灌草层、枯落物层和土壤层的生态水文功能，为单层林改造、林分稳定性增强和水源涵养功能提升提供了依据。结果表明：华北落叶松单层林经过复层改造后，乔木层截留量减少，林内有效降水（穿透雨）增加；灌草层植物组成明显丰富，林分物种多样性和稳定性增强；枯落物层种类、分解程度都有所变化，持水性能提高；土壤层水文物理性质明显得到改善，水文功能得到有效提高。说明人为调整林分垂直结构后不仅可以有效地改善山地水源涵养林的垂直结构和稳定性，还可以显著提升其水文功能。

6.1.4　生态修复技术的集成应用与试验示范

针对六盘山水源涵养林管理和生产中的实际问题，结合国家科技支撑课题的实施，集成水源涵养林构建和经营的关键技术并试验示范，为半干旱山区水源涵养林水分管理与可持续经营提供了模板。

1. 示范一：黄土高原半干旱土石山区低耗水人工群落构建技术集成与示范

针对造林树种单一、密度大、成活保存率低的问题，在位于六盘山北部半干旱区（降水量432mm）的叠叠沟林场，集成了低耗水树种选择、合理密度确定和"蘸浆"造林等技术，依据坡面立地条件来确定造林树种和初植密度，构建了多树种、密度合理的人工低耗水示范林100亩（图6.3）。该技术示范要点包括：①依据不同坡位立地条件确定密度，为167～220株/亩。②针阔混交、乔灌混交：上坡造林（半阳坡）华北落叶松：山桃：杞柳=4：4：2；中坡造林（半阳坡洼地）白桦：华北落叶松：山桃：杞柳=2：3：3：2；下坡造林（半阳坡）油松：樟子松=5：5。该示范林依据土壤水分承载力来确定密度，减少了造林苗木受到的水分胁迫，平均成活率为94.5%、保存率为85%；多树种混交提高了林分抗病虫害能力，增加了其稳定性；同时，低密度造林降低了水分消耗和造林成本。

图6.3　低耗水人工群落构建技术集成与示范林

2. 示范二：华北落叶松人工林近自然化改造技术集成与示范

针对树种和结构单一、稳定性差、病虫害严重、雪折等问题，在六盘山林业局挂马沟林场集成了低耗水树种选择、合理密度确定和低效林近自然混交造林等技术，构建了多树种、多层次、群落稳定的近自然森林群落示范林800亩（图6.4）。该技术示范要点：①采取先间伐后补植的方法：间伐强度33.8%～44.8%，郁闭度0.7，保留林窗。②林下引种乡土阔叶和灌木树种，形成乔-灌-草复层人工林，有效改善了树种组成、密度和垂直结构，增加了林分稳定性；补植苗木成活率较高，其中灌木树种表现最好（珍珠梅和沙棘的成活率分别为95%和85%），阔叶树种白桦和针叶树种华山松表现较好，成活率均为65%。该示范林通过低耗水树种选择和合理密度调控，减少了树木水分消耗，使林区的产流功能提高25%左右。

图6.4　华北落叶松人工林近自然化改造技术集成与示范

3. 示范三：低功能水源林复层混交改造技术集成与示范

针对退化立地内水源涵养植被涵养功能较低、结构单一的问题，集成了低耗水树种选择和低效林改造等技术，以天然野李子灌丛为对象，引入华北落叶松等乔木树种形成了多树种、多层次、群落稳定的西峡林场示范林100亩（图6.5）。该技术示范要点：①不规则、低密度大苗造林（20～30株/亩）；②鱼鳞坑整地。该示范林通过改造完善了林分垂直结构，形成了乔-灌-草复层结构，枯落物层厚度增加了52.38%；有效提升了林地的水源涵养功能，其中枯落物层最大持水量提高了21.40%，土壤容重降低了14.29%，田间持水量提高了26.31%，土壤层储水量提高了11.92%。

图 6.5   野李子低功能水源林复层混交改造技术集成与示范

6.1.5   应用前景及展望

1. 适用范围

针对六盘山水源涵养林管理和生产中的实际问题，我们开展了多学科、多尺度、多方法研究，系统认识了旱区基于林水关系的生态水文学机制，研发了"选树种、定密度、调结构"等关键技术。通过集成与示范，相关技术在六盘山低耗水人工群落构建与低功能水源涵养林改造等实践中进行了推广与应用，并且在提高造林成活率/保存率、改善林分密度和完善垂直结构、增加林分稳定性和抗病虫害能力、提升水源涵养功能等方面发挥了积极作用。该成果适用于黄土高原半干旱、半湿润山地或生态类似区的水源涵养型人工植被构建与可持续经营林业实践，对实施国家"以水定绿、量水而行"的科学绿化方案具有重要的借鉴意义。

2. 存在问题

部分技术的普适性和成效评价还需进一步完善：由于林业生产周期长，部分技术的长期效果无法充分表现，如灌丛稀植乔木对林木更新生长、物种多样性和病虫害的影响等，因此还需长期观测才能日臻完善。

3. 未来展望

1）气候变化背景下生态系统多种服务功能的权衡与结构间关系；2）耦合自然生态-社会经济系统，实现区域自然-经济-社会的可持续发展。

6.2 贺兰山矿山生态修复案例

贺兰山位于宁夏与内蒙古交界处,是我国草原与荒漠的分界线,也是我国"三区四带"生态安全格局体系中"北方防沙带"和"黄河重点生态区"的重要组成部分,保障着黄河上中游及华北、西北地区的生态安全。贺兰山矿产资源丰富,开发利用以煤、石膏、石灰岩、硅石、建筑用砂、砖瓦黏土矿等为主,矿产开采对经济发展起到了重要作用,但也导致了地貌景观破坏、生态退化等诸多问题。当前,在国家高度重视生态文明建设的背景下,创新矿区生态修复模式,加快推进绿色矿山建设,是黄河流域生态保护和高质量发展的必然选择。

6.2.1 基本情况

从 20 世纪 50 年代开始,贺兰山采矿活动日渐活跃,一时间汝箕沟、石炭井、正义关、王泉沟等地的矿山企业遍地生花,巅峰时各类采矿点达 100 余处,非正规小煤窑不计其数,最终留下沟壑纵横的山体,大规模、长时期的矿产资源开发对贺兰山生态环境造成的负面效应逐渐显现。采矿活动不仅引发、加剧地质灾害,还对地形地貌景观、土地资源和地下含水层造成了严重的影响与破坏,渣石堆积成山,水土流失与荒漠化日益加重。2000 年后,开采活动对贺兰山生态环境造成的扰动和破坏不断加剧,此时的贺兰山已满目疮痍,生态环境极其脆弱。

2016 年,习近平总书记视察宁夏时强调,贺兰山被当地民众喻为"父亲山",发挥着阻滞风沙、提供水源、维护生物多样性等重要作用,但因遭受过度开挖开采而伤痕累累,要保护好贺兰山生态。2017 年 5 月,宁夏回族自治区打响了贺兰山生态保卫战,出台了《宁夏回族自治区矿山地质环境恢复和综合治理规划(2018—2022年)》《贺兰山生态保护修复专项规划(2019—2035 年)》等一系列矿山修复规划及实施方案,以确保贺兰山的生态保护修复工作顺利开展。在相关政策支持下,贺兰山区域内多个矿产企业关停,所有露天煤矿关闭退出,并对受损区域进行相应的生态修复,其生态环境逐步得到改善。截至 2021 年,贺兰山生态保护修复工程资金累计投入超过 150 亿元,其中"宁夏贺兰山东麓山水林田湖草生态保护修复工程"纳入国家第三批山水林田湖草生态保护修复工程试点。

6.2.2 主要措施

1. 坚持问题导向

以地质灾害、土地资源破坏、地貌景观破坏、水资源恶化、环境破坏（废水、废渣和粉尘）等重点问题治理为导向，针对不同区段采取不同的修复策略和修复技术，如对于非煤矿区和煤矿区，由于各自的自然环境不同，要因地制宜采取合适的修复技术。但不论采取什么技术，都要结合矿山的自然环境条件、周边环境、交通情况、经济条件等因素，围绕一个主题，以实现一个或多个功能为目标，完成矿山的生态修复，从而实现可持续发展。

2. 重点整治地质地貌

采取消除地质灾害、治理历史遗留废弃矿坑、整治行洪沟道等措施，在不阻断生态廊道、动植物迁徙通道的前提下，"依山势、顺山形、随山走"，依形就势恢复地形地貌。以解决矿山开采破坏地质环境、水土流失等问题为目标，开展历史遗留废弃矿山治理，按照安全、生态、景观的治理次序，采取削坡筑台、清除危岩、平整土地、覆土压渣、混播草籽等措施，消除地质灾害隐患、修复地形地貌、恢复地表植被、防治水土流失，逐步实现破损地区自然风貌与周边自然景观和谐一致。

3. 注重生态质量提升

因地制宜补植乔灌混交林，营建防风固沙林、水源涵养林、生态经济林、农田防护林，构建山前生态保育带梯层"绿道"、山下生态产业带宽幅"绿廊"、生态延伸区多重"绿网"，提升生态安全保育和缓冲功能，构筑绿色屏障，增强防风固土和水源涵养等功能，保护珍稀野生动植物及其栖息地，确保生态系统安全稳定，通过环境修复与视觉美化相结合提升矿区景观。

4. 充分发挥生态功能

依托贺兰山独特的自然和人文景观资源优势，在山下生态产业带发展设施农业、观光农业，培育发展康养娱乐、乡村旅游、生态休闲、文创博览等新业态，打造贺兰山东麓百里葡萄长廊。开展工业园区环境综合治理，整治"散乱污"企业，发展绿色环保产业，打通生态廊道"堵点"。发挥景观游憩功能，建设矿山主题公园，通过生态修复结合生态农业、生态旅游等产业植入方式，实现环境优美、生态良好、经济发展的目标。

6.2.3　成功案例

1. 套门沟矿区修复

套门沟建筑石料矿区位于贺兰山国家级自然保护区外围 2km 范围内，国道 110 的新干公路从治理区中间穿过，矿区历史遗留的废弃采坑以及沿路随意堆放的废渣废土造成了新干公路两侧地形地貌和土地资源的破坏，水土流失严重，并存在崩塌及泥石流地质灾害威胁。针对治理区周边的自然环境条件，制定了相应的生态修复技术措施（表 6.1）。通过工程的实施，改善了地形地貌景观，消除了地质灾害隐患，使遭到破坏的生态环境得到了改善（图 6.6）。

表 6.1　套门沟矿区主要修复措施

生态修复工程	主要技术措施
地形地貌整治工程	主要是对现状高低起伏、私挖滥采的盗采坑等进行清理，并根据现场情况随坡就势进行整治，以满足绿化种植要求。
泥石流沟道治理工程	由于 2.15km 的干沟（泥石流沟道）损毁、淤积严重，依据沟道走向以及其与治理区相对的位置关系进行清淤、整形，保证沟道疏通。
覆（换）土工程	为满足后期生态恢复工程的要求，对灌木及乔木栽植区域进行坑穴换土，其中乔木换土规格为 1m×1m×1m，灌木换土规格为 1m×1m×0.6m，其余区域覆土厚度为 20cm，覆（换）土工程完成后进行土地平整。
植被恢复工程	引入合适的植物种类是矿区植被恢复的关键。按照适地适树原则，选择抗风、抗旱、抗寒能力强的乡土植物，主要有樟子松、侧柏等常绿乔木；山桃、山杏、火炬树、榆树、刺槐、文冠果、沙枣等落叶乔木；酸枣、紫穗槐、黄刺玫、醉鱼木、柠条等灌木；草种以耐寒耐旱的冰草、芨芨草、针茅为主。

图 6.6　贺兰山套门沟矿区治理前后对比

2. 志辉矿区修复

志辉矿区位于银川市西夏区昊苑村，属于贺兰山山前冲积洪积扇区，治理之前这里是砂堆林立、沙坑到处可见的废弃砂石矿场，经过重新设计并开展矿区生态修复，将废石、废坑及各类废弃建筑材料重新利用，基于沙石采空区的高低地势建成了一个拥有 4000 亩葡萄园的复式酒庄——志辉源石酒庄，将其打造成了集酿酒、旅游、运动于一体的 4A 级景区，并发展成为兼具生产、示范和观光作用的多功能生态绿色屏障（图 6.7）。主要措施：一是以防护林体系建设为主恢复植被。防护林主林带基本平行于贺兰山和沿山公路，树种以新疆杨、沙枣、旱柳、柽柳、山杏、山桃、樟子松等为主，灌木有柠条、紫穗槐、蒙古扁桃、沙棘等耐寒耐旱的乡土品种。在砂石采空区及时采取回土造田进行整治，以实现大规模恢复植被和复垦修复。二是以酿酒葡萄为主，同时发展枣、桃、李、杏等，形成贺兰山东麓优势果品产业带。三是种植耐旱牧草，增加植被覆盖度，促进畜牧业发展，建立鹿场（马鹿、梅花鹿）、鸡鸭场（珍珠鸡、七彩鸡、火鸡、孔雀、法国雁等），走出一条农林牧综合发展的道路。四是在土地复垦过程中合理利用水资源，建设一套完整的水利灌溉系统，并利用采空后的大小沙坑，随地形因地制宜建成蓄水池或小水库，葡萄、桃、李、杏等经济林用滴灌，牧草地用喷灌，防护林带用渠灌，多种灌溉方式相结合，提高水资源利用效率。

3. 汝箕沟矿区修复

汝箕沟矿区位于贺兰山中北段山间腹地汝箕沟内，山体基岩裸露，植被稀少，而且排土场有大量不稳定的边坡、渣堆以及浮石等（图 6.8）。2017 年开始，矿区陆续启动排土场治理，通过拆除设施、清运余料、削坡放坡、修砌挡墙、渣土覆盖、恢复植被等措施的实施，基于生态修复与灾害预防相结合（表 6.2），基本达到整治矿区环境的要求，消除了地质灾害隐患，使矿山环境与周边生态环境相协调，努力将其创建为绿色矿山（图 6.9）。

图 6.7　治理后的志辉矿区

图 6.8 治理前的汝箕沟排土场

表 6.2 汝箕沟矿区主要修复措施

生态修复工程	主要技术措施
土方工程	对不稳定的边坡进行削坡,对不规则不平整的渣堆场地进行整形、平整,对浮石进行清理,削坡放坡产生的土石方量尽可能内部消化,其余少量用于修整场区道路和相对较低的平台等,形成有利于植被恢复的平台。不稳定边坡的削坡治理方法为:对边坡角大于 33° 的不稳定边坡进行削坡,对高度大于 30m 的区域留设一个 6m 宽的平台。
覆土工程	在排土场、渣堆坡顶平台和侧坡,用细粒土覆盖、平整,土源为露天开采时剥离的表土。覆土施工工艺为挖掘机挖土、筛分、装车拉运、平整碾压,形成利于植被恢复的地表条件。
挡石墙工程	为了保障排土场坡底及坡顶安全,根据实际情况,设计挡石墙 5625m,为了确保马道施工安全,防止后期雨水冲刷,根据实际情况,设计安全土挡 4100m。
植被恢复工程	覆土工程完成后播撒草籽,选择冰草、芨芨草、沙蒿等与贺兰山地区相适应的草种,为确保草籽成活率,对治理区进行生态管护(一般为 3~10 月),即每月对撒播的草籽进行洒水养护。治理区植被恢复宜林则林、宜草则草、草灌优先,恢复后的植被覆盖率不应低于 10%。

4. 石炭井矿区修复

石炭井矿区位于贺兰山北段,是以煤炭采掘业为主的工矿区。2017 年,石嘴山市开始对石炭井矿区 49 处治理点进行清理整治,共关停拆除 93 家洗储煤场,治理无主渣台和历史遗留采坑 14 处,实施 7 项生态绿化工程,对 12 家煤矿环境进行整治。其中,大磴沟采煤区是重点整治对象,有 50 家与煤相关的企业,矿坑渣堆随处可见,堵塞行洪沟道,水土流失和污染严重,形成无风灰漫天、有风不见人的恶劣环境(图 6.10)。2017 年实施了大磴沟生态环境修复绿化项目,对堵塞于沟道内的煤渣废料进行清理,在立地条件相对好的地段开展植树造林,建设截潜流水利工程,充分利用沟道内的浅层水进行绿化灌溉,通过换填种植土不断提高大磴沟片区植被

图 6.9　治理后的汝箕沟排土场

恢复能力。工程累计投入资金 3200 万余元，种植各类苗木 3.6 万株，点播蜀葵 3.8 万 m²，喷播植草 30 万 m²，完成绿化种植面积 2500 余亩，彻底改变了项目区及周边生态环境（图 6.11），对贺兰山的生态修复起到了典型示范作用。

　　石炭井矿区的生态修复，除了实施其他煤矿修复常用的土方工程、覆土工程、挡石墙工程、生态工程外，尤其要强调的是还使用了飞播造林工程。由于石炭井矿区较汝箕沟矿区土层厚一些，海拔低一些，因此其可以使用飞播造林技术。石炭井矿区是一个"全国少有、宁夏独一"的完整退出工矿行政区，交通便利，设施完好，功能齐全，具备建设成为集观赏、研学、展示、休闲、康养等功能于一体的工业旅游目的地的基础。目前正在打造的石炭井文旅小镇，拟规划建设"一轴五区"，"一轴"即新华街，"五区"即商业综合配套区、军事文化实践及影视拍摄区、工业文化展示区、汽车越野及滑翔伞体验区、贺兰山风光展示区，旨在打造宁夏乃至全国独具特色的生态工业文旅小镇。

图 6.10　治理前的大磴沟煤矿

图 6.11　治理后的大磴沟煤矿

第 7 章　黄河流域典型水域生态修复治理

7.1　乌梁素海生态修复案例

7.1.1　乌梁素海生态现状

乌梁素海曾被誉为中国的"北方之肾"，是西北地区重要的生态屏障，但湖面面积已从新中国成立前的 $800km^2$ 萎缩至目前的 $293km^2$，尤其是自 20 世纪 90 年代以来，由于过度开垦和放牧、围湖造田、矿山开采等，加上工业废水、城镇生活污水以及农业灌溉退水的大量排放，流域内沙漠化、草原退化、水土流失、土壤盐碱化、水环境质量恶化、生物多样性降低等生态环境问题日益严峻，导致流域生态系统的结构和功能损坏严重、退化趋势明显，生态屏障功能的重要性不断下降。

乌梁素海流域不但是黄河中上游最大的农业用水区，更是其最大的水资源自然净化区，每年流经三盛公水利枢纽的水量可灌溉耕地 1100 万亩，最后全部退入乌梁素海，经其净化后由乌毛计泄水闸统一排入黄河。乌梁素海曾经接纳河套灌区 90%以上的农田灌溉退水、生活污水和工业废水，水质日益恶化，生态功能逐步退化，对黄河水生态安全构成严重威胁。2005～2014 年湖区水质一直徘徊在劣五类，其中 2008 年水污染达到顶峰，一度暴发大面积"黄藻"，达 8 万多亩、持续近 5 个月，导致核心区域水面被覆盖，水体污染、富营养化严重，沼泽化程度高，生态功能退化形势严峻。

7.1.2　生态治理目标

习近平总书记提出要把山水林田湖草沙当成一个生命共同体。对于乌梁素海流域而言，问题在水里，根源在岸上，办法为全流域生态环境的综合治理。因此，要用系统思维谋划和推动系统修复、综合治理、整体保护等工作，统筹抓好河套平原绿化、黄河湿地保护、乌梁素海综合治理、乌兰布和沙区治理开发、阴山山脉生态保护、乌拉特草原沙产业，探索形成巴彦淖尔全域生态、经济、社会协调发展新模式，实现乌梁素海流域生态环境持续改善与绿色高质量发展，提升"北方防沙带"生态系统服务功能，保障黄河中下游水生态安全。

7.1.3 生态治理措施

根据不同的自然地理单元及其主导生态系统类型，将乌梁素海流域分成乌兰布和沙漠综合治理区、河套灌区农田综合治理区、乌拉山生态保护修复区、阿拉奔草原保护修复区、环乌梁素海生态保护带、乌梁素海水域生态系统保护修复区6个单元（图7.1），针对各单元的主要生态问题，在消除不当人类资源开发利用活动、切断点源污染的基础上，因地制宜实施不同的治理措施。同时注重大力发展绿色产业，在发展中保护、在保护中发展。同时，将乌梁素海流域生态系统治理与绿色高质量发展紧密结合起来，创新投融资模式，强化社会资本合作。

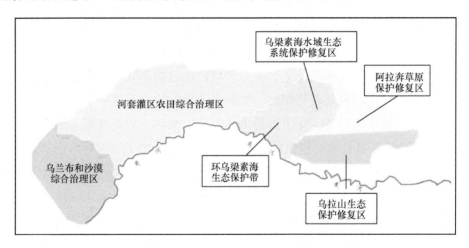

图 7.1   乌梁素海流域山水林田湖草生态保护修复工程分区示意图

1. 分区域系统治理措施

（1）乌兰布和沙漠综合治理区

针对乌兰布和沙漠综合治理区生态系统脆弱、土地沙化极易反弹、防沙带屏障还不牢固等问题，实施草方格沙障固沙、生物降解聚乳酸（PLA）沙障固沙、巨菌草留茬沙障固沙、人工造林种草固沙和梭梭（*Haloxylon ammodendron*）造林固沙等防沙治沙与水土保持工程，并开展光伏+沙产业治沙、特色种养殖业+治沙等产业治沙工程，防止乌兰布和沙漠东进。

草方格沙障固沙：乌兰布和沙漠常见的草方格沙障有麦草沙障、沙柳沙障、葵花秆沙障等（图 7.2），在流沙上设置沙障可明显增大摩阻流速，显著降低近地表风速，增大近地表粗糙度，使得风速廓线发生改变。从控制风沙角度考虑，各类草方格沙障固沙措施的实施效果均达到 75%以上，对固定流沙均能起到积极作用。

图 7.2　草方格沙障

生物降解聚乳酸沙障固沙：生物降解聚乳酸沙障是以植物淀粉为原料经缩聚、熔融、纺丝、织制而成的袋状沙障外体，通过充填就地取材的沙土制作而成的一种新型绿色沙袋沙障，充分发挥了"以沙治沙"的技术优势。这种沙障在自然界中能够完全生物降解，不会对环境造成任何污染，具有材料来源充足、施工运输便利、防风固沙效益好等优点。综合考虑沙障铺设成本和防护效果，在平坦沙地或者弱风区域内适合布设 2m×2m 规格的 PLA 沙障（图 7.3）。

图 7.3　生物降解聚乳酸沙障

巨菌草留茬沙障固沙：近年乌兰布和沙漠沿黄段进行了巨菌草引种试验，巨菌草直接种植在试验区的流沙上，地上生物量可达 130.95t/hm²，在秋季进行收割处理，将地表留茬作为沙障（图 7.4）。巨菌草留茬沙障与常规沙障相比，具有材料环保、无沙障设置成本、经济价值较高的优势，可以有效降低风速。另外，沙障条带增加，防风效能增大，障内风速降低；沙障高度增加，对风的削弱能力增强。

图 7.4　巨菌草留茬沙障

人工造林种草固沙：乌兰布和沙漠南部和西北部的高大流动沙丘区采用人为栽植植物治理方式，人工造林种草主要从交通沿线和便于施工的地方开始实施，先近后远，先易后难，循序渐进，逐步推进。其治理措施的具体模式为：削丘+沙障固沙+人工造林种草。即首先根据风沙运动规律，在人为干预的前提下，借助自然风力把沙丘削缓、削平，达到能够造林的状态。然后运用沙障和固沙植物种植相辅相成的方式进行植被恢复（图 7.5）。"削丘"是风季前在沙丘迎风坡 2/3 以下的部分布设立式沙障，以固定沙面从而拦截上风方向吹来的沙子，蚀积状态改变后，过境的非饱和气流将迎风坡上部 1/2 未防护区域的沙子逐渐吹走并使其跌落到背风坡。

梭梭造林固沙：梭梭具有抗旱、抗寒、抗热与耐盐碱的特性，茎枝含盐量在 15% 左右，适应性极强，并且生长速度快，具有较强的防风固沙能力，但不耐庇荫。梭梭作为乌兰布和沙漠最主要的乡土树种，开展造林不仅具有非常好的适应性和固沙作用，而且其根部寄生植物肉苁蓉是一种非常名贵的药材，被誉为"沙漠人参"，是国家二级重点保护野生植物，具有重要的经济价值（图 7.6）。

图 7.5　人工造林种草

图 7.6　梭梭接种肉苁蓉

光伏+沙产业治沙：近年乌兰布和沙漠大力发展光伏发电+治沙技术，主要利用光伏板吸收光照来降低土地温度，减少水分蒸发，同时降低风速，阻止沙丘移动。在光伏组件下面铺设黏土和牛粪，将土地整理后在光伏板间种植苜蓿、沙蒿等防沙植物，并在建设区外种植防护林，彻底将流沙固定（图 7.7）。据了解，磴口县通过光伏治沙，已经形成了以沙为主的五个产业，利用光伏板上面的光照，第一个产业在地下种中草药；第二个种水稻；第三个种紫花苜蓿；第四个是发展"渔荒互补"；第五个是发展林果经济，实现了治沙、种养殖、光伏发电的一体化发展。

图 7.7　光伏+沙产业治沙

特色种养殖业+治沙：巴彦淖尔市在治理乌兰布和沙漠的过程中，坚持生态治理产业化、产业发展生态化方向，遵循钱学森提出的"多采光、少用水、新科技、高效益"沙产业理论，形成了以生态项目扶持产业发展，以产业发展带动生态建设，政府政策性引导、企业产业化经营、农牧民市场化参与的防沙治沙新格局。种植酿酒葡萄、苹果、梨、枣等 3 万亩；投入超过 20 亿元，建成 42 万亩无污染饲草料基地、38 座有机牧场、1 家有机饲料厂和 10 家有机肥厂，年加工产值 46 亿元；目前正在建设投资 22 亿元的内蒙古伊利实业集团股份有限公司 20 万亩草业基地和 4 万头有机奶牛养殖园区、投资 13 亿元的内蒙古蒙牛乳业（集团）股份有限公司 4.2 万头有机奶牛养殖园区和投资 15 亿元的中以防沙治沙生态产业园。在乌兰布和沙漠大力发展种养殖业，实现了"治沙""致富"兼顾。

（2）河套灌区农田综合治理区

针对河套灌区农田综合治理区农业面源污染、耕地土壤盐碱化加剧等问题，一方面实施排干沟污泥疏浚、多塘净化系统建设、生态驳岸和生态浮岛建设、生态补水等工程，提升排干沟水质，减少入湖污染物；另一方面开展农田控药、控水、控膜，实施盐碱地综合治理。

134

（3）乌拉山生态保护修复区

针对乌拉山保护修复区林草植被退化、水土流失严重等突出环境问题，开展地质环境、地质灾害整治和植被恢复工程，改善乌拉山受损山体的地质地貌环境，提高其水源涵养功能（图 7.8）。

图 7.8　乌拉山矿区治理前后

（4）阿拉奔草原保护修复区

针对阿拉奔草原保护修复区退化加速甚至沙化、水土流失等问题，采取直播种草、围栏封育、禁牧等措施，基于自然恢复与人工恢复相结合的方式，开展草原水土保持和植被恢复工程，主要种植草种为沙葱和驼绒藜等禾本科植物，以减少入湖污染物和泥沙量，起到防风固沙的作用。

（5）环乌梁素海生态保护带

针对环乌梁素海生态保护带功能退化问题，在湖滨带建设水源涵养林，在生态脆弱的固定半固定沙丘实施直播种草、围栏封育措施，建设鸟类繁殖保护区，开展湖区河口自然湿地修复与人工湿地构建工程，在芦苇密集分布区域打通输水通道、疏浚污泥，提升滞水区域水动力条件（图 7.9）。

（6）乌梁素海水域生态系统保护修复区

针对乌梁素海水域生态系统保护修复区内源污染严重、水面萎缩等问题，加大生态补水力度（每年 3 亿 m^3 以上），采用网格水道、活水循环等措施打通湖区的通风通水条件（图 7.10），增加湖区库容和提高水体自净能力；开展芦苇、沉水植物收割及资源化利用；发展湖区立体化养殖，通过自然养殖，利用食物链清除湖体营养元素；划定鱼类禁捕区；实施底泥疏浚、无害化处置和资源化利用工程。

图 7.9　湖滨带生态拦污工程

图 7.10　网格水道疏浚工程

2. 推动产业生态化、生态产业化

乌梁素海流域光照时间长、昼夜温差大、四季分明，水土光热组合条件得天独厚，绿色农牧业资源是最大的发展优势。长期以来，该区域农畜产品品牌"小""散""乱"，虽"河套"名声在外，却未得到很好的利用和开发。为此，当地应以品牌建设为引领，全力建设河套全域绿色有机高端农畜产品生产加工服务输出基地，创建并全面打响"天赋河套"农产品区域公用品牌，积极发展现代农牧业、清洁能源、数字经济、生态旅游和生态水产养殖。

3. 撬动社会资金，创新融资模式

创新设立专项产业基金，采用 DBFOT（设计、建设、投资、运营、移交）模式具体实施，通过"项目收益+耕地占补平衡指标收益"方式实现资金自平衡，进而引入社会资金，组建项目公司，实现市场化运作。具体过程为：巴彦淖尔市政府授权相关平台公司代表政府方出资和对项目的投资、建设、运营、基金管理进行公开招标。由中标基金管理公司发起，市属国有公司与中标投资人共同出资，设立产业发展专项基金。专项基金与项目中标人共同出资成立乌梁素海流域生态保护修复试点工程投资有限公司（SPV）作为实施主体，具体负责项目的整体设计、施工、运营和融资等工作，并明确移交退出机制。专项基金首期规模为 45.2 亿元。

7.1.4　治理成效

1. 生态环境质量改善，生物多样性提升

通过对乌兰布和沙漠进行综合治理，在东缘更新重建了长 154km、平均宽超过 50m 的大型防风固沙林带，形成了纵深推进、前挡后拉、全面保护的立体防沙体系，有效遏制了乌兰布和沙漠的东侵；在紧邻黄河的沙漠区域，以人工造林为主，营造了黄河护岸防护林带，保护了母亲河的安全；以更新改造农田防护林网为主，沿渠系人工营造了农田防护林网，阻挡控制了流沙的扩大蔓延，保护了河套灌区的基本农田；沿 110 国道、京藏高速公路、包兰铁路营造了护路林，确保了我国北方交通主要干线的安全，改善了交通干线两侧的自然景观；在沙漠腹地修建了总长超过 100km 的穿沙公路，在公路两侧通过人工造林、封沙育林建成了乔、灌相结合的阻沙骨干防护林带，既阻断了沙源，切断了沙漠向黄河及城乡周边输沙的通道，又为纵深治理奠定了坚实基础。

截至 2020 年底，依托乌梁素海流域山水林田湖草生态保护修复工程的实施，已综合治理了乌兰布和沙漠 4 万余亩，有效遏制了沙漠东侵，阻挡了泥沙流入黄河而侵蚀河套平原；受损山体得到了修复，矿山地形地貌景观恢复了 60% 以上；项目区内的河道水动力、循环水质持续改善。2019 年，乌梁素海整体水质达到五类，栖息鸟类物种和数量明显增多，目前共有鱼类 20 多种，鸟类 260 多种 600 万多只，包括国家一级重点保护野生动物斑嘴鹈鹕及国家二级重点保护野生动物疣鼻天鹅、白琵鹭等，其中疣鼻天鹅的数量从 2000 年的 200 余只增加到现在的近千只。

2. 生态治理产业化，实现治沙致富双赢

在治理乌兰布和沙漠的过程中，坚持生态治理产业化、产业发展生态化方向，遵循钱学森提出的"多采光、少用水、新科技、高效益"沙产业理论，形成了以生态项目扶持产业发展，以产业发展带动生态建设，政府政策性引导、企业产业化经营、农牧民市场化参与的防沙治沙新格局，实现了生态与生计兼顾，绿起来与富起来结合，治沙与致富双赢的目的，成为"绿水青山就是金山银山"实践的

创新样板。目前，乌兰布和沙区主要有肉苁蓉、酿酒葡萄、现代牧业、沙漠生态旅游、光伏发电五大产业。

借光治沙，实现光伏产业、生态治理与经济发展的互融共赢。依托乌兰布和沙区丰富的光照资源，大力发展光伏发电绿色清洁能源，开启了"借光治沙"新模式。目前，光伏发电装机容量达 220MW，年发电量 3.6 亿 kW·h，并在光伏板下发展设施农业、高效农业，有效带动了当地发展致富。

"风景"变"景区"，扎实推进生态旅游融合发展。巴彦淖尔市不断加大沿沙一线旅游景点的开发建设力度，将光伏园区、圣牧生态园区、葡萄酒庄、中草药基地等现代农牧业产业化成果打造成新的旅游景点，以乌兰布和沙漠、纳林湖、金马湖、万泉湖等沙、水资源为依托，引入沙漠越野、沙漠垂钓等特色体验项目，先后创建国家 4A 级景区 2 处、国家级保护区 1 处、国家湿地公园 2 处、国家沙漠公园 1 处、国家地质公园景区 6 个。纳林湖和金马湖荣获全国休闲渔业示范基地，金马渔村荣获中国旅游总评榜"美丽乡村"等荣誉称号，年接待游客 143 万人次，旅游综合收入达 10.4 亿元。

3. 助推巴彦淖尔进入生态文明建设 2.0 时代

围绕"山水林田湖草沙"等生态要素，对乌梁素海流域 1.63 万 km² 范围实施全流域、系统化治理，形成"一带（环乌梁素海生态保护带）、一网（河套灌区水系网）、四区（乌兰布和沙漠、乌梁素海、阿拉奔草原、乌拉山）"的生态安全格局，优化了自然生态系统要素的空间结构，提升了重要生态要素的生态功能。巴彦淖尔已从河湖污染防治保障人类健康的生态文明建设 1.0 时代，进入流域多要素系统治理提升生态功能的生态文明建设 2.0 时代，并积极向人与自然和谐共生的生态文明建设 3.0 时代发展（图 7.11）。

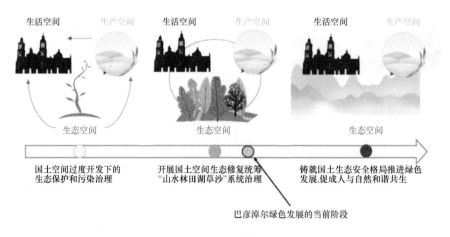

图 7.11　生态文明建设规划布局

第 8 章　黄河流域典型沙区生态修复治理

8.1　共和盆地治沙案例

8.1.1　基本情况

共和盆地位于青藏高原东北边缘的祁连山、昆仑山和秦岭之间，是高寒荒漠生态系统的环境变化敏感脆弱区，也是我国独特且最具代表性的高寒沙区，属高寒干旱、半干旱气候区。因干旱缺水、植被稀疏、草地退化，该区域沙化严重，以塔拉滩、木格滩及沙珠玉地区为主的共和盆地生态形势极为严峻，是黄河上游严重的风沙危害区和土地沙漠化地区之一（陈清香，2018）。当地政府高度重视防沙治沙工作，把加快防沙治沙、促进生态文明建设作为发展地区经济的一项重要任务常抓不懈。青海省治沙试验站于 1959 年开始在青海省共和县沙珠玉地区进行了一系列的沙漠化防治工作，总结出了一些有效的高寒沙区植被恢复综合技术，并在青海省推广了成功的治理模式和经验，产生了积极的带动和辐射作用（杨德福和魏登贤，2018）。1997 年以来，青海省将位于共和盆地木格滩地区的黄沙头沙地列为防沙治沙重点建设区，坚持不懈治沙十年，营造了适宜高寒气候特点的窄林带、小网格，乔、灌、草，带、片、网相结合的荒漠绿洲；在治沙实践中还摸索出了一些高寒干旱地区沙地治理新办法，如乔灌草结合，多树种配置，封造管并举，合理布局。以固为主、固阻结合，在沙丘迎风面人工设置砾石、黏土沙障，在沙障网格内人工直播柠条、沙蒿，辅以杨、柳深栽造林，实现了生物治沙与工程治沙的有机结合，使黄沙头披上了绿装，流动的沙丘被锁住了，为西部开发探索出了一条改善荒漠生态环境的途径（杨洪晓等，2006；Lu et al.，2009；魏占雄，2009）。

8.1.2　典型治理技术措施

流动沙丘的固定可以采用机械措施或植物措施，机械措施可快速固定流动沙丘，效率高，速度快，但是随着时间的推移，机械沙障的抗风蚀能力逐渐减弱，需要随时修补。植物措施固定流动沙丘,植被一旦在流动沙丘上成活并快速生长,可长久固沙。但是,高寒沙区降水量少、风沙大、生长季短,在这样的恶劣环境下于沙丘上造林,成活率和成林率在技术上都是难题,尤其在造林的初期,幼苗抗风蚀和沙埋的能力差,很容易被风蚀或沙埋。为固定流动沙丘,治沙工作者经过数年的试验和实践,总结出机械固沙和生物固沙相结合,无灌溉条件下扦插和直播造林相结合的植被恢复综合技术,其能发挥最佳的治沙效果(杨德福和魏登贤,2018)。

1. 设置沙障

在流动沙丘上进行植被恢复,必须先设置人工沙障,以稳定沙丘表层流沙,抑制沙丘移动,为苗木成活与生长创造适宜环境。根据沙障设置就地取材和经济的原则,可设置黏土沙障、沙蒿沙障、麦草方格沙障、砾石方格沙障等(图8.1)。

黏土沙障

麦草方格沙障

黏土沙障直播柠条

乌柳柳条行列式沙障直播柠条

麦草方格沙障直播柠条扦插乌柳

麦草方格沙障乌柳深栽造林

图 8.1　沙障实景

　　在丘间地有黏土的地区设置黏土沙障，优点是就地取材而无须材料费用、操作方便。利用人工黏土沙障已在共和盆地沙区形成了大面积的固沙区，不仅有效控制了流沙移动，还为高寒沙区流沙治理提供了经验和技术（张永秀，2009）。20 世纪 60～70 年代，沙蒿沙障在共和盆地沙地广泛应用，优点是成本低廉、固沙效果显著，深受当地群众欢迎，若利用阴雨天栽植，有利于沙蒿成活，成为活沙障（陈清香，2018）。麦草方格沙障可将流动沙丘一次性固定，在沙丘迎风坡或强风蚀地段采用 1m×1m、1m×1.5m、1.5m×1.5m 方格密度，在沙丘背风坡或丘间地采用 2m×2m 或 3m×3m 方格密度，这样设置的草方格沙障更经济实用，固定治理速度也更快（杨德福和魏登贤，2018；陈清香，2018）。乌柳、柽柳枝条沙障是透风阻沙屏障，和沙蒿沙障相似，设置后沙质地表更易稳定，若条件适宜，也可成为活沙障。砾石沙障也是就地取材，是在有砾石资源的流沙地带用砾石堆成方格控制流沙，也是工程防沙治沙的常用方法之一（张永秀，2009）。

　　共和盆地流动沙丘一般以沙垄、新月形沙丘形式出现，高度在 3～15m。应在沙丘的不同部位设置不同的沙障组合，以实现沙障整体功能的最大化。对于同一规格的格状沙障，往往由于设置的地形部位不同，其防护作用可能产生很大的差异。在共和盆地沙障设置中，在沙丘上部设大网格的黏土沙障，在中部以沙蒿沙障和中小网格的黏土沙障配合使用，下部则应以小网格的沙蒿沙障为主，取得了较好的整体防护效果（王学全等，2009）。

2. 植被恢复

直播造林是治理流动沙丘和干旱丘间低地的主要技术措施。在设有沙障保护的沙丘上进行直播造林在共和盆地已有 40 多年的成功实践经验（图 8.2）。适于在沙丘上直播造林并可用于生产的植物有小叶锦鸡儿、中间锦鸡儿、白柠条、甘蒙锦鸡儿。这些植物耐干旱、贫瘠、风蚀、沙埋，适应性强，在设有沙障保护的沙丘各部位均可正常生长，寿命长达 30 年之久；根系发达，纵横交错，固沙能力强，根部的根瘤菌可提高沙地肥力；能繁殖种子，扩大面积。沙蒿是共和盆地分布最广的乡土植物，其根系发达、生长迅速、耐风蚀和沙埋、适应性强、枝细且密集而具有较强的防风阻沙能力，是优良的先锋固沙植物。直播造林在每年 5～6 月第一次透雨后抢墒播种效果最好，此时大风季节已过，雨季即将来临，气温、地温稳定回升，有利于种子萌发和幼苗生长。播种方法有条播、穴播等（张永秀，2009）。

图 8.2　流动沙丘植被恢复效果

大苗深栽造林可用乌柳、桟柳、山生柳等大栽子，直接按行列式栽于流动沙丘上。3～4 月中旬，选取生长健壮无病虫害的母树，采集枝条培养造林插干，当茎部发芽点萌动时即可用于造林。在提前选定的沙丘上挖植树坑或用直径 3cm 左右的钢钎打钻孔，将备好的插干插入植树坑中。在干旱、地下水位为 2m 以下的地区种植杨柳类树种，可以采用水冲沙插干深栽方式，水冲栽植不受立地条件的限制，在流动沙丘、半固定沙丘、固定沙丘和丘间地均可栽植（杨德福和魏登贤，2018），成活率可达 85% 以上，具有简便易行、成活率高的优点，在高寒区具有重要的推广价值（张永秀，2009）。

8.1.3　治理成效

数十年来，一代又一代的科技工作者奋斗于治沙前线，通过大量的引种栽培试验，结合共和盆地的实际情况，筛选出一批适应性较强的乔灌木树种，采取生物措施与工程措施相结合的手段，建立了大面积的防护林，探索出一套成型的高寒沙地防沙治沙综合治理技术措施。通过大面积的植被恢复，流动沙丘得到了固定，沙尘肆虐得到了抑制，有效地防止了沙化蔓延（张登山和高尚玉，2007）。鉴于防护林生态系统对高寒沙区生态环境起着极其重要的作用，从改善小气候功能、防风固沙功能、固碳功能、改良土壤功能以及对群落组成和多样性的影响几方面对共和盆地沙地治理成效进行总结。

1. 人工植被恢复的改善小气候功能

与流动沙丘相比，植被恢复后沙丘上的柠条林和沙蒿灌丛均能明显降低风速与气温，增加相对湿度，降低土壤温度，并且增加土壤体积含水量，柠条林改善小气候的效果优于沙蒿灌丛。与赖草草地相比，丘间地各种类型的防护林均能降低风速和气温，增加相对湿度，降低土壤温度，但是大部分防护林会降低土壤体积含水量（贾志清，2017）。

2. 人工植被恢复的防风固沙功能

沙丘上营造沙蒿灌丛和柠条林后沙尘通量远低于流动沙丘，说明这两种防护林较大程度地控制了沙尘起尘量，但高于丘间草地和其他防护林。对于丘间地，不同类型防护林的沙尘起尘量均要低于草地，并远远低于流动沙丘，说明这几种防护林的防风固沙效果较好（贾志清，2017）。

3. 人工植被恢复的固碳功能

对不同类型防护林、灌木与草本层生物量及各器官碳储量的分配格局研究表明，沙地植被恢复后，不同类型植被生物量的总碳储量在（2.00±0.24）～（17.33±1.46）mg/hm^2，说明植被恢复提升了沙地的固碳潜力（贾志清，2017）。

4. 人工植被恢复的改良土壤功能

不同类型植被恢复后，土壤的砂粒含量降低，粉粒和黏粒含量增加，表层土壤含水量和持水量增加，土壤有机质、全氮和全磷含量明显增加，肥力质量垂直变化表现为"表聚性",即表层土壤质地疏松,总孔隙度较高,容重较低,持水能力较强,养分条件较好(李清雪和贾志清,2015;Li et al.,2017)。

5. 人工植被恢复对群落组成和多样性的影响

在流沙区,强烈的风沙活动是多年生植物定居和生长的关键性制约因子,采取人工恢复重建植被的措施可以稳定流沙,促进多年生植物定居和生长,有利于植物多样性的恢复(魏占雄,2009)。随着植被恢复年限的增加,共和盆地沙珠玉地区中间锦鸡儿固沙林的植物物种和功能群逐渐增多,植物群落的物种丰富度、Shannon-Wiener 指数和 Simpson 指数均随着恢复年限的增加而增大(古琛等,2022)。共和盆地贵南县黄沙头的流动沙地经人工治理后,植被覆盖度、赖草覆盖度和多年生草本的物种丰富度明显提高,沙化土地的生态修复试验取得良好效果(杨洪晓等,2006;Yang et al.,2006;Lu et al.,2009)。

8.2 沙坡头铁路/交通干线治沙案例

包兰铁路为新中国成立后建成的第一条沙漠铁路,在中卫境内 6 次穿越腾格里沙漠,其中以沙坡头段坡度最大、风沙最猛烈。为治理风沙危害、保障铁路畅通,基于试验成功的治沙"魔方"——1m×1m 麦草方格,在沙坡头段建立了"五带一体"的铁路防沙体系,形成了一条长 55km、宽 500m 的防沙固沙带,使包兰铁路畅通无阻近 70 年。1988 年,沙坡头治沙防护体系荣获国家科学技术进步奖特等奖,被国外专家誉为"中国人创造的奇迹",国际社会将其称为"沙坡头方式"并赞誉为"堪称世界首次治沙工程",荣膺 1994 年联合国环境规划署颁发的"全球环境保护 500 佳单位"桂冠。

8.2.1 环境概况

沙坡头地区(37°32′N,105°02′E,海拔 1339m)地处腾格里沙漠东南缘的宁夏回族自治区中卫市。年均气温 9.6℃,最低气温 25.1℃,最高气温 38.1℃,全年日照时数 3264h;年均降水量 186mm,其中大部分(83%)降水发生在 5~9 月,年均蒸发量大于 3000mm;年均风速 3.5m/s,盛行风向为西北风(NW)和西北偏西风(WNW),次风向为东北偏东风(ENE);扬沙事件频繁,累计持续时间超过 1177h/a,春季是高风速持续时间最长的季节;地下水埋深达 60m(李新荣等,2005;Zhang et al.,2014)。

该地区的主要景观类型为密集分布的高大格状新月形沙丘链；土壤基质为疏松、贫瘠的流沙，是钙积正常干旱土与砂质新成土的复域；沙层稳定含水量仅 2%～3%；天然植被以细枝羊柴（*Corethrodendron scoparium*）和沙蓬（*Agriophyllum squarrosum*）等为主，覆盖率 1%左右，属草原化荒漠地带（李新荣等，2005）。

8.2.2　沙坡头铁路防沙治沙体系

1. 风沙危害形式

包兰铁路沙坡头段 6 次穿越腾格里沙漠东南缘，大面积的格状流动沙丘由西北向东南倾斜呈阶梯状分布，而铁路正处于沙丘阶梯下方。沙漠地区气候干旱、大风频繁，地表植被稀少并被流沙所覆盖，在风力作用下会发生风沙流运动和沙丘移动。风沙流遇到路基和线路上部结构的阻挡，挟带的沙粒便在线路上堆积，从而埋没道床和钢轨，同时会风蚀路基和磨蚀设备，给铁路的运营和养护带来一系列的危害，对铁路安全运行构成严重威胁。因此，风沙危害防治不到位，不仅会出现严重的危险事故，还会增加维修运营成本。

2. 治沙魔方"草方格"沙障

麦草（稻草）方格固沙法是将废弃的麦草呈方格状铺在沙面上，留麦草长的 1/3 或一半自然立在四周，再将方格中心的沙土移到四周麦草的根部，使麦草牢牢地竖立在沙地上。经过反复实践和试验模拟研究，创造性地研发了闻名全球的"1m×1m 草方格沙障"（图 8.3），可使流沙不易被风吹起，达到阻沙、固沙的目的。

图 8.3　草方格沙障

3. 沙坡头防沙治沙模式

通过长期的迁地保育试验，遴选了适宜在流动沙丘上生长的耐高温和辐射、耐风蚀和沙埋、高抗旱的灌木。通过在流动沙丘群迎风方向的最前沿设立高立式栅栏构成阻沙区，在沙面扎设 1m×1m 半隐蔽式草方格沙障，在沙障内按一定比例和密度栽植由"先锋种—优势种—稳定种"组成的稀疏人工植被，形成了"以固为主、固阻结合"的风沙危害防治模式。同时以此为基础，建立了由高立式栅栏构成的前沿阻沙带、草方格与无灌溉植物（沙蒿、细枝羊柴、籽蒿、柠条等沙生植物）结合的固沙带、砾石平台缓冲输沙带、灌溉条件下的乔灌木林带组成的阻、固、输、导"四带一体"的防沙治沙体系（李生宇等，2020），并与封沙育草带合称为沙坡头"五带一体"综合防沙治沙模式。

沙坡头防沙治沙体系的建立有效控制了区内风沙活动，使固沙区内近地表风速降低了 50% 以上、输沙量减少了近 80%，起初在高大格状沙丘上建立的灌木-半灌木人工林带逐渐演替为草本-半灌木人工-天然复合生态系统，地表逐步稳定，土壤结皮形成，藓类及一年生植物出现，生物多样性提高，生物固沙作用加强，构成了一个稳定的固定沙地生态系统。该防护体系积累了在流动沙漠中以工程和生物固沙相结合的方式防治风沙危害的经验，成为我国流沙环境交通干线风沙危害防治的首个成功模式。

8.2.3 交通干线风沙危害

风沙对交通干线的危害主要为流沙在线路上的堆积，以及流沙对路堤边坡的吹蚀和对道床的掏空。风沙活动可造成道路设施损害、行车环境恶化、车辆机械损坏、车辆倾覆、人员伤亡和财产损失（李鑫等，2006），而通常所说的交通干线风沙危害形式仅限于风蚀及沙埋对交通设施的损害和对行车安全的威胁。

交通干线风沙危害的主要表现（钱征宇，2003）：①影响线路行车安全。钢轨两侧积沙到达轨头部时，影响列车运行，当积沙超过轨面时，可能造成列车脱轨掉道。②降低线路质量。道床积沙后，由于列车振动，沙粒向道砟下渗落，逐渐聚集在道床底部，将枕木和钢轨抬高，形成拱道，影响轨道的几何状态，降低线路质量。③增加线路的养护维修工作量。风季线路容易积沙，需加强对风沙危害地段线路的巡视，并及时清除线路积沙。④缩短钢轨和扣件的使用寿命。线路积沙后加剧了钢轨的磨耗，钢轨的损伤严重。当沙粒中含有盐分时，钢轨和扣件极易发生锈蚀，从而缩短其使用寿命。⑤堵塞桥涵影响排洪。风沙易堵塞桥涵，造成排洪不畅，如果不及时清除就可能引发洪水灾害。

8.2.4 交通干线风沙危害防治的基本原则

交通干线风沙危害的防治极为复杂，应遵循预防为主，防治结合；因地制宜，因害设防；综合治理，充分发挥各种措施的效能的原则（马广学和金海鹏，2009），从设计、施工到运营养护的各个阶段都要给予足够的重视。在设计阶段，应制定科学合理的线路方案，尽可能减少在活动沙丘地段的通过长度，合理利用各种有利地形，绕避风沙危害严重区段；尽量使线路走向与区域主导风向平行或小角度相交，并修建适宜断面形式的路基，保证一定的路基高度，尽量避免路堑，根据当地环境条件做好防护设计（冯连昌等，1994；钱征宇，2003）。施工时，应避免在路基两侧取弃土，尽量减少对地表的扰动，保护好天然植被，及时完成路基本体及两侧的防护工程。在运营期间，为了确保列车的安全运行，及时清除积沙，针对风沙危害特点采取防治措施（钱征宇，2003）。

在防沙工程建设中，须综合考虑沙源、风况、地貌、降水、地下水位等因素，尤其要充分考虑防沙材料。防沙材料主要包括天然无机材料、植物秸秆、人工高分子合成材料、低等植物和高等植物等。鉴于工程造价和环保要求，防沙工程多倾向采用乡土材料（李生宇等，2020）。

交通干线防沙应根据风沙危害的成因、危害程度及当地的气候条件采取针对性的工程措施。在水分条件相对较好的半干旱地区，风沙危害治理宜采取植物防沙措施，即乔木、灌木、草本合理配置，保护天然植被，营造人工植被。在年降水量较少的半干旱半荒漠地区，宜采取工程防沙结合植物防沙措施，借助于工程措施保护和恢复天然植被，固沙植物应以灌木、草本为主。在干旱荒漠地带，因降水稀少，在非灌溉条件下植被难以成活，应主要采用工程防沙措施或辅以节水设施（钱征宇，2003）。

各种工程防沙措施均有其使用条件和范围，应根据当地自然条件综合应用、合理配置，形成一个完整的防护体系。受自然因素和人为因素的影响，风沙危害也在发展和变化，在防治中必须根据其发展演变情况，对防沙工程的配置进行调整。

8.2.5 交通干线风沙危害防治的措施

不同治理措施的原理主要是阻断或抑制风沙气固两相流与地面的接触及相互作用；增加积沙体或地表抗风蚀能力；增加或减小风沙流局地运动阻力；引导改变风

沙流运动方向等（李生宇等，2020）。风沙危害治理的关键是控制地表的风蚀和改变风沙流的搬运及堆积条件。

根据风沙危害将其防治措施分为植物固沙和工程固沙两大类（钱征宇，2003）；根据力学原理将其防治措施分为封闭型（如片石封闭路基边坡）、固定型（如草方格）、阻拦型（如高立式沙障、林带）、输导型（如下导风）、转向型（如羽毛排）、消散型（如扬沙堤）等（刘贤万，1995）。

1. 植物固沙

植物固沙是利用植物营造防沙林带，既可阻截沙流，防止风蚀，又可调节小气候，改善生态环境和改良土壤，获得长久的防沙效益。植物固沙的原理是营造防护林带来增加地面粗糙度，通过在林带前后形成弱风区，能够有效拦截和抑制风沙流运动。另外，沙生植物可通过发达的根系固结周围沙层，枯枝烂叶腐败后能增强地表沙层的黏性，促进微生物的活动，使沙面逐渐结皮，加快流沙的成土过程。风沙危害严重地段，可在迎风侧营造多条林带。沙漠地区气候干旱、土壤贫瘠，不利于植物的生长，且固沙造林技术复杂，为提高固沙造林的质量，必须解决好树种选择、林带配置等技术问题。植物固沙必须遵循生态适应性规律，在年降水量小于300mm的干旱地区，自然植被为荒漠草原，无灌溉条件下人工植被难以成活。在年降水量为300～500mm的半干旱地区，自然植被为干旱草原，天然条件下灌木和草本植被能够生长良好，乔木只能在降水量较大的湿润和半湿润地区正常生长。乡土树种的形成是植物对当地环境长期适应的结果，其对当地环境有较强的适应性，应优先考虑，引进树种必须经栽植试验取得经验后再选用（钱征宇，2003）。

2. 工程固沙

工程固沙一般用在无植物生长条件的地段，或作为植物固沙初期的辅助措施。其通过在流沙上设置沙障或其他防沙工程结构，人为地控制地表的积蚀变化和改变风沙流的搬运及堆积条件，从而保护交通干线免遭风沙危害。工程固沙具有不受水分条件限制、适用范围广、见效快的特点，可作为植物固沙的先导工程。工程固沙能够因地制宜地采用当地材料，从而降低工程造价，在交通干线风沙危害防治中应用最为普遍，但存在防护年限短、需要重复更新的缺点（钱征宇，2003）。

工程固沙常采用以下几种形式：①路基本体防护。对路基或路堑本体用不同的材料进行覆盖，如干砌片石、栽砌或散铺卵砾石。②路基两侧防护。在路基两侧一定范围内修筑一些阻沙、固沙及导沙设施，保护线路不被流沙掩埋。阻沙设施包括防沙栅栏、防沙沟堤、防沙挡墙等；固沙措施包括麦草沙障、土埂沙障、铺设卵石或黏土覆盖沙面等；导沙设施包括用卵石铺砌成表面光滑的输沙平台、在路基迎风侧修建导沙堤等。

3. 固沙体系的模式

固沙体系不仅关系到工程安全，而且决定了工程建设成本及后期运行维护成本，必须贯彻因地制宜、因害设防理念。风沙环境复杂多样，根据风力强弱和沙源多少，可定性地将其分为 4 类：弱风少沙型、弱风多沙型、强风少沙型、强风多沙型（李生宇等，2020）。

依据风沙环境，沙区交通干线固沙体系可总结为 4 种模式：弱风少沙型的局部活化流沙，采取以固为主模式；弱风多沙型的大量流沙，采取阻-固结合模式；强风少沙型的强风，采取挡风输沙模式；强风多沙型的高输沙伴随大风，采取阻-固-输结合模式。此外，当线路与当地主导风向夹角较小且有适宜的导沙区域（如沟壑、河谷）时，阻-固结合模式的外侧阻沙措施可变为导沙措施，即调整为导-固结合模式（屈建军等，2001；李生宇等，2008）。

4. 固沙体系的维护

沙区不仅要进行交通干线路基和路面的防风蚀维护管理（叶彩娟，2019），还要重点开展防沙体系维护（李生宇等，2014）。固沙体系的功能会随着其防风固沙作用的发挥而衰减（姚正毅等，2007），固沙材料也会逐渐腐朽老化。为了延长防沙体系的寿命，需要不断对其进行维护和更新。固沙体系的功能衰减并非全都从迎风边缘向内部逐步推进，其内部地形起伏处可同步发生风蚀和沙埋（雷加强等，2003）。防沙体系越宽，其维护成本越高；且由于日常的小范围、多点维护不具规模效益，长期维护成本高于一次更新成本。因此，固沙体系的理论计算宽度（王训明和陈广庭，1997）[多存在技术性的风沙危害夸大问题（金昌宁等，2005）]在经济学上并非最优，而适宜宽度的固沙体系长期更新成本更低，更符合实际。

8.2.6　交通干线风沙危害防治的启示

各种防沙措施均有其使用条件，实际应用中应根据风沙危害特点采取综合措施，并应特别注意固沙和阻沙措施的结合，避免采用单一措施。工程措施能够有效地拦截风沙流，但随着沙物质的不断堆积，其防沙效果会逐步减弱，最终被风沙掩埋而失效。因此，工程措施存在造价较高、养护困难和防护时间较短等弊端。

尽管我国的交通干线风沙危害防治工作成绩斐然，但沙漠铁路的很多风沙危害地段未得到根本治理，特别是干旱条件下固沙植被建设的自动化智能控制滴灌管网系统需汲取先进技术，以提高治理能力。

此外，开展交通干线风沙危害防治实时监测预警系统建设、新型防沙材料和结构研究，可以在解决好现有林带更新问题的基础上，建立合理的林带结构，从而提升交通干线风沙危害防治技术水平。

8.3 磴口治沙案例

8.3.1 磴口治沙简史

磴口县位于内蒙古自治区巴彦淖尔市西南部，地处乌兰布和沙漠东北部，全县总土地面积为 625.0 万亩，其中沙漠面积 426.9 万亩，占 68.3%。

乌兰布和沙漠是我国八大沙漠之一，东临黄河，西依狼山-乌拉山，南起贺兰山北麓，北至巴彦淖尔市杭锦后旗太阳庙，总面积 9760.4km²，其中固定、半固定和流动沙丘分别占 33.59%、23.67% 和 42.74%，流动沙丘集中分布在南部、西南部和北部（相关数据源于国家林业和草原局），其中流动沙丘现状如图 8.4 和图 8.5 所示。乌兰布和沙漠地处我国西北荒漠和半荒漠的前沿地带，是我国北方主要的沙尘释放源区之一，同时是京津冀风沙源治理工程建设区和国家重点生态功能区之一，在全

图 8.4 乌兰布和沙漠东部的流动沙丘（李新乐 摄）

图 8.5　乌兰布和沙漠东北部的刘拐沙头（高君亮 摄）

国生态战略格局中占有举足轻重的地位。其防沙工作一直得到中央和地方政府的关注，2018 年两会期间国务院参事杨忠岐提出：治理好乌兰布和沙漠，将贺兰山、狼山连接起来，形成一道完整的"贺-乌-狼生态屏障"，不但能缓解乌兰布和沙漠周边地区的风沙危害，更是对下风口广大地区的生态环境起到关键性的保护作用，具有重要的战略意义（相关数据源于国家林业和草原局）。

　　资料记载，新中国成立前磴口县的林业现状为"只见流沙，不见树木"（陈志国，2016），"一年一场风，从春刮到冬，三天不刮风，不叫三盛公"是当时自然环境的真实写照。面对恶劣的自然条件，磴口县充分发扬"不畏艰难，负重前行；团结拼搏，取得胜利；继往开来，永不止步"的治沙精神，坚持不懈开展治沙工作（何文强，2020）。1950 年 10 月，磴口县决定把战胜风沙灾害、发展农牧林业生产列为首要任务，提出了"面向沙漠、面向黄河、植树造林、封沙育草、保护草原、发展农牧业生产"的奋斗方针，并组织动员全县人民向沙漠进军。自此，一场全党动员、全民动手，有组织、有领导、有规划、有措施的群众性封沙育草、治沙造林运动在全县展开。经过 10 年的奋战，磴口人民在乌兰布和沙漠东缘营造起一条长 308 华里（1 华里＝500m）的防沙林带，封沙育草 124 万亩，有效遏制了乌兰布和沙漠东移。1952 年，林业部授予磴口县"造林绿化先进县"称号；1958 年，林业部又授予磴口县"全国治沙造林模范县"称号；1959 年，中央电影制片厂和内蒙古电影制片厂联合摄制了专题片《战黄龙》并在全国播映（陈志国，2016）。

2000 年以来，碛口县提出了"以生态建设统领全局""生态治县""创建黄河中上游生态建设第一县"的战略决策，相继争取并实施了国家重点生态建设工程、天然林保护工程、三北防护林建设工程、退耕还林工程、京津风沙源二期工程、山水林田湖草沙综合治理试点等国家重点工程（何文强，2020；陈力，2022），210 万亩沙漠得到有效治理，植被覆盖率由新中国成立初的 0.04%提高到目前的 37%（孙涛等，2022）。碛口县先后被评为全国"绿水青山就是金山银山"实践创新基地、全国防沙治沙综合示范区。

8.3.2 碛口治沙方法与技术

在 70 余年的防沙治沙过程中，碛口县不断总结经验教训，探索出了各种治理流沙的方法与技术。随着科学技术的发展，治沙方法与技术也不断地更新与提升，进入 21 世纪以来，在"产业治沙理念"的指导下，碛口县的防沙治沙技术大幅提升，林沙产业也得到了快速的发展。

1. 黏土网格压沙+人工造林

黏土网格压沙法的应用历史比较久远，西北沙区早就有土埋沙丘、泥漫沙丘的做法，群众利用当地丘间地多黏土的资源优势，就地取材进行固沙，即黏土沙障固沙措施的雏形。新中国成立之初，黏土网格压沙是碛口县使用最多的治沙方法，当地黏土资源充足、取土方便，群众就地取材进行压沙，解决了当时其他治沙材料严重短缺的困境。

主要做法：在流动沙丘迎风坡设置 1m×1m 的黏土网格，在背风坡设置 1.5m×1.5m 的黏土网格，沙障与主风向的夹角为 90°～100°，沙障高 10～15cm。然后在黏土沙障障格内种植梭梭、细枝羊柴、白刺（*Nitraria tangutorum*）等植物。黏土沙障属于低立式沙障，能够增加地表粗糙度，削弱地面风力强度，制止流沙移动，可以保护沙障障格内的植物生长。受取材（会进一步破坏地表）、运输（工程量大）、截水（截留降水不利于雨水入渗补给土壤水分）等多方面的限制，加上其他轻便的沙障材料大量投入使用，当前碛口县在防沙治沙中已很少使用黏土沙障，只能在以往设置黏土沙障的区域见到残留的黏土材料与黏土沙障障格（图 8.6）。

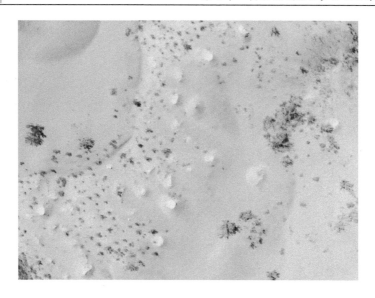

图 8.6　黏土沙障（高君亮　摄）

2. 封沙育草

封沙育草是磴口县多年以来一直所采取的治沙方法之一，植被恢复效果非常显著（图 8.7）。其是一种能够恢复和扩大沙生植被，增加地表植被覆盖度，改善生态环境，促进沙区经济发展的有效途径。资料记载，磴口县曾将距离农田 500～800m范围内的半固定沙丘和风蚀平地划定为封沙育草带，严禁砍柴割草、挖药材和过度放牧，实行了封闭管理以后，沙丘植被覆盖度自然提高了 5%～10%（陈志国，2016）。王锡来（1996）自 1983 年起在乌兰布和沙漠进行了 50hm^2 的封沙育草。

图 8.7　封沙育草（高君亮　摄）

中国林业科学研究院沙漠林业实验中心在乌兰布和沙漠东北部的封沙育草带开展了风沙监测研究，结果显示在 4 个不同等级（7.0m/s、8.2m/s、9.0m/s、11.9m/s）的风速下，随着植被覆盖率增加，输沙量大幅度降低。油蒿固定和半固定沙丘的平均输沙量较流动沙丘分别减少 91.66%和 71.88%；白刺固定和半固定沙丘的输沙量较流动沙丘分别减少 95.31%和 90.41%（表 8.1）。充分证实了封育带内的天然植被具有明显的防风阻沙效应，起到了控制风沙流运动及流沙入侵的作用。

表 8.1　不同植被类型沙丘的输沙量（g）

风速（m/s）	流动沙丘	半固定沙丘		固定沙丘	
		油蒿半固定	白刺半固定	油蒿固定	白刺固定
11.9	203.298	66.078	18.577	20.319	9.441
9.0	91.407	29.561	7.912	8.991	5.397
8.2	51.932	7.392	8.989	1.885	2.631
7.0	47.781	7.872	2.361	1.707	1.026
平均	98.605	27.726	9.460	8.226	4.624

3. 草方格压沙+人工造林

草方格被誉为"中国魔方"，防沙治沙效果显著，是一种行之有效的工程治沙措施。草方格压沙+人工造林法是磴口县多年以来一直使用的防沙治沙方法，也是当前推广使用最广泛的防沙治沙方法，效果非常显著。磴口县使用的草方格沙障一般设置在植被覆盖率<10%的沙丘上，沙障材料多为稻草和麦秸，长度>30cm，多设置成 1m×1m 的网格，沙障材料压入地下 10~20cm，地上留 10~20cm。草方格设置后，在障格内种植梭梭、细枝羊柴、沙拐枣（Calligonum mongolicum）等沙生植物。

草方格压沙+人工梭梭林是磴口县防沙治沙的最主要方法与模式（图 8.8 和图 8.9）：草方格设置后，通常选择在沙障障格内每隔 3~5 格种植 1~2 棵梭梭幼苗，灌水 1 次，后期灌水 3~4 次，成活率可达 90%。

在流动沙丘上人工种植梭梭林后，风速明显降低，地表粗糙度增加（表 8.2），林地输沙率减少。研究者的一些实际监测数据显示，磴口县刘拐沙头人工梭梭林的防风效能随着林龄的增加（3 年、5 年和 8 年）而不断提升，3 年生梭梭林的整体防风效能为 41.20%，而 8 年生梭梭林的整体防风效能达到 71.93%，地表粗糙度显著增加（李鹏等，2017），林地输沙率为流沙地的 4.20%~27.6%（赵纳祺等，2018）。

图 8.8 草方格压沙+人工梭梭林初期（高君亮 摄）

图 8.9 草方格压沙+人工梭梭林后期（高君亮 摄）

表 8.2 不同年限梭梭林的地表粗糙度比较（李鹏等，2017）

样地类型	迎风坡顶	迎风坡中	迎风坡底	背风坡
裸沙丘	0.71±0.11Ca	0.78±0.07Ca	0.68±0.14Ca	0.78±0.09Ca
3 年生梭梭林	1.21±0.12Bb	1.28±0.21Bb	1.39±0.18Ba	1.54±0.26Ba
5 年生梭梭林	2.83±0.45Ab	3.77±0.52Aa	2.42±0.31Ac	2.97±0.37Ab
8 年生梭梭林	3.03±0.31Ab	4.03±0.67Aa	2.59±0.42Ac	3.23±0.38Ab

注：同列大写字母不同表示同一坡位梭梭林在不同林龄间地表粗糙度差异显著（$P<0.05$）；同行小写字母不同表示同一林龄梭梭林在不同坡位间地表粗糙度差异显著（$P<0.05$）

4. 菌草固沙

1983 年，国家菌草工程技术研究中心从南非引进巨菌草。2013 年，巨菌草技术发明人林占熺带领团队开始在乌兰布和沙漠开展巨菌草防风固沙试验（图 8.10），直接在流沙上种植巨菌草后，其地上生物量可达 130.95t/hm²，为青贮玉米的 4.9 倍，而耗水量相当。

图 8.10　菌草防风固沙样地（高君亮　摄）

巨菌草防风固沙试验主要在乌兰布和沙漠流动沙丘流沙直接入黄的地段开展，磴口县与阿拉善盟交界的刘拐沙头便是样地之一。巨菌草防风固沙试验开展后，国内的研究者在以上试验地开展了巨菌草防风固沙效果及其对土壤影响方面的研究，并取得了一系列的研究结果。

吴强等（2018）对已收割和未收割草料条件下刘拐沙头巨菌草样地的输沙量等指标进行了监测研究，发现随着风速的增大，各样地及裸沙丘的输沙量均增大，其中裸沙丘增加最为明显，各巨菌草样地输沙量相对变化不大；同一风速下，各样地输沙量及输沙率的大小顺序均为：裸沙丘＞留茬风蚀2年样地＞留茬风蚀1年样地＞植株风蚀2年样地＞植株风蚀1年样地；不同风速下，同一配置巨菌草样地的输沙量和输沙率均随风速的增大而增加（表8.3）。从固沙效率来看，4种不同配置巨

表 8.3　不同措施下近地表 0～30cm 的输沙情况对比（吴强等，2018）

风速 （m/s）	时间 （min）	输沙情况	不同配置的巨菌草样地				对照组 裸沙丘
			植株风蚀 1年样地	留茬风蚀 1年样地	植株风蚀 2年样地	留茬风蚀 2年样地	
6.32	60	输沙量（g）	0.41	1.95	0.54	2.19	32.51
		输沙率[g/(min·cm²)]	3.43×10^{-5}	1.62×10^{-4}	4.51×10^{-5}	1.83×10^{-4}	9.03×10^{-3}
6.96	60	输沙量（g）	0.88	4.68	1.02	4.79	38.61
		输沙率[g/(min·cm²)]	7.32×10^{-5}	3.90×10^{-4}	8.51×10^{-5}	3.99×10^{-4}	1.07×10^{-2}
7.72	60	输沙量（g）	1.45	8.47	1.77	21.36	82.44
		输沙率[g/(min·cm²)]	1.21×10^{-4}	7.06×10^{-4}	1.48×10^{-4}	1.78×10^{-3}	2.29×10^{-2}

菌草样地近地表 0～30cm 的平均固沙效果均保持在 80%以上，大小顺序为：植株风蚀 1 年样地＞植株风蚀 2 年样地＞留茬风蚀 1 年样地＞留茬风蚀 2 年样地。

刈割对巨菌草的开发和利用至关重要。王强等（2018）研究了刈割时不同留茬高度下样地内风速及输沙量间的差异，认为巨菌草留茬沙障的防风固沙效益与沙障高度和行距有直接关系，高度一定，行数越多，带距越小，防护效果越好，但所需材料增加。巨菌草留茬沙障内输沙主要集中在地表 15cm 以下，近地表 0～5cm 处沙障对风沙流的阻碍能力较强。沙障行距分别为 1m、2m 时，高 10cm 的沙障分别经 9 带、12 带后使风速降至起沙风速以下；高 30cm 的沙障对风的阻碍能力增强，分别经 7 带、9 带后地表无流沙运动。沙障的设置应在保证高效的前提下降低成本。设置行距 2m、高 30cm 的菌草留茬沙障，经过 9 带（18m 宽）后风速降至起沙风速以下，此模式宜在干旱地区推广。

5. 农田防护林网

中国林业科学研究院沙漠林业实验中心自成立以来，在乌兰布和沙漠试验和营造了多种林网结构与模式的防护林体系，逐步建成了树种丰富、结构多样的农田防护林，自然形成了不同时间尺度的多种防护林空间结构类型，保障了乌兰布和沙漠绿洲内农田和人民的生产安全，同时为我国干旱区绿洲防护林体系建设提供了丰富的造林模板。"七五"国家科技攻关项目"大范围绿化工程对环境质量作用的研究"在沙漠林业实验中心第二实验场实施，当时自然环境条件恶劣，为了使防护林带在短时期内发挥防护效益，采用宽林带造林模式，林带由 8 行树组成，株行距为 4m×4m，主带间距 130m，南北向，副带间距 430m，东西向，有二白杨、新疆杨、箭杆杨等，大乔木下配置沙枣、紫穗槐等小乔木或灌木（图 8.11）。该工程经过 10 年的努力建设与科学监测，获得了大量的科学数据，结果表明工程对环境有明显的改善作用，短波辐射多吸收 10%～20%，7 月前后可降低蒸发量 30%～40%，林网内沙尘转移量减少 80%，来自远方上风区的降尘量减少 48%，大气浑浊度降低 35%，种植业产出效益比工程建设前的天然荒漠牧场增加 300 倍，为"三北"林业生态工程区域性建设成效评价提供了定量化指标和科学依据。

对林带结构不同的防护林的防风效能进行实测（表 8.4），结果表明，在环境条件好转、防护林面积增大的情况下，林带宽度对其防风效能的影响不显著，进而为窄林带设计提供了依据。目前，乌兰布和沙漠东北缘绿洲内林网的设计主要采用"窄林带、小网格"方式，多采用两行一带式结构的窄林带，主带间距 140m，副带间距

图 8.11　八行一带式农田防护林保留部分（高君亮　摄）

表 8.4　林带结构不同的防护林的防风效能（郝玉光，2007）

树种	林带结构（行）	林龄	株行距（m）	带距（m）	林内风速（m/s）	旷野风速（m/s）	防风效能（%）
榆树	1	7	0.5	60	3.55	6.90	48.1
沙枣	2	6	1×1.5	60	1.82	3.81	52.1
新疆杨	2	7	1×2	160	3.53	6.57	45.7
新疆杨+乌柳	3	7	1×2	160	5.74	8.00	28.3
二白杨+杜梨	4	9	1×0.5	102	2.39	3.96	37.6
二白杨	8	24	4×4	130	2.42	5.52	57.2

300m，沿灌溉渠道营造 2 行新疆杨（图 8.12）。这种林带模式可节约土地，提高土地利用率，减少林农矛盾，促进林木快速生长，提早形成防护效益，同时能提早成材，因此经济效益也高。

6. 人工梭梭林+接种肉苁蓉

磴口县的沙地非常适合梭梭生长，发展肉苁蓉的资源丰富、潜力巨大且得天独厚（图 8.13）。做大做强磴口的苁蓉产业，实现防沙治沙生态效益与苁蓉产业经济效益的有机结合，是实现生态环境修复由"输血"到"造血"质的转变，沙漠农业可持续发展，从而达到最佳的生态、经济、社会效益的一条非常重要的有效途径（袁彦，2009）。

图 8.12　两行一带式新疆杨渠道造林（李新乐　摄）

图 8.13　接种肉苁蓉的人工梭梭林（高君亮　摄）

磴口县人工接种肉苁蓉（图 8.14）始于 2001 年 5 月，相继聘请中共中央党校丁义教授、阿拉善盟医药有限责任公司戈建新、内蒙古自治区沙产业、草产业协会陈安平、中国农业大学郭玉海教授、内蒙古大学李天然和曹瑞教授、内蒙古农业大学盛晋华教授、中国科学院新疆生态与地理研究所刘铭庭研究员等专家进行技术指导（袁彦，2009）。目前，磴口县共吸引了内蒙古王爷地苁蓉生物有限公司、巴彦淖尔市三正苁蓉沙林产业有限公司等 20 余家民营企业参与肉苁蓉产业，发展经济林和林下经济；人工种植梭梭林 50 万亩，接种肉苁蓉 14 万亩，年产鲜品肉苁蓉 500t（图 8.15），因此成为全国最大的人工接种肉苁蓉生产基地（张景阳等，2022）；已有多家公司开发了原生态苁蓉系列养生产品，如苁蓉饮片、苁蓉茶、苁蓉咖啡、野兽牌苁蓉饮料等天然绿色保健品，并将产品推广到国际市场，开始赢得国内外订单；初步形成了政府组织、科技支撑、龙头带动、遍地开发、成果初现、争相圈地、蓄势待发的良好开局。

图 8.14　接种肉苁蓉（魏均　摄）

图 8.15　肉苁蓉（高君亮　摄）

7. "光伏+" 治沙

2012 年国家电投集团北京电力有限公司结合磴口县太阳能富集的优势，创新性地提出了"光伏治沙、恢复生态"的理念，2013 年率先与当地政府签订了光伏治沙项目合作开发协议，由所属内蒙古新能源有限公司具体实施。2014 年 10 月 18 日项目启动建设，用 73 天建成了 5 万 kW 的光伏电站，投资总额约 4 亿元，占地约 1700 亩，年发电量约 8782 万 kW·h，环境效益显著，每年可节约标准煤约 3 万 t，实现 CO_2 减排约 7 万 t。

为合理利用乌兰布和沙漠丰富的光照资源，磴口县从 2015 年开始开启"借光治沙"新模式，大力发展光伏发电绿色清洁能源（图 8.16）；先后引进了国电电力、国华电力、神舟光伏、昌盛日电、仁创科技等企业，打造了万亩光伏产业园区，已建成装机容量 360MW，年发电量 4 亿 kW·h。当前，一些已建成的光伏电站实现了"板上发电，板下生金"，如华盛绿能（磴口）农业科技有限公司在基地内建有 300 多个发电与种植两用的大棚，棚上发展清洁能源太阳能发电项目，棚下实施绿色无公害设施农业，光伏总装机容量 50MW，年均发电量 7225.91 万 kW·h，平均每年可节约煤约 24 568.09t。

图 8.16　磴口县已建成的光伏基地（李新乐　摄）

未来，磴口县将紧紧围绕"双碳"目标，全面建设磴口乌兰布和沙漠千万千瓦级光伏基地，按照"光伏+治理"模式，将光伏发电与生态治理有机结合，通过抬高光伏阵列高度、拉大阵列间距，给灌草种植留下充足的空间；同时，利用光伏组件为植被遮阴，减少蒸发量，同时通过植被生长抑制扬尘，减少其对发电的影响。到"十四五"时期末，力争完成固定投资 1000 亿元，装机规模达到 1000 万 kW，并网后发电量达 328 亿 kW·h，实现固沙面积 35 万亩。

8. 草业治沙

磴口县抢抓内蒙古自治区奶业振兴战略机遇，依托特有的乌兰布和沙漠绿色无污染资源优势，积极培育发展壮大有机奶产业和饲草产业（图 8.17），建成全国最大的全产业链有机奶源中心，拥有圣牧高科奶业、蒙牛乳业、乌兰布和乳业 3 家乳品生产加工企业，全县日产鲜奶 1993t（有机奶 983t），年产鲜奶 70 万 t（有机奶 35.9 万 t），成为全国最大的有机奶生产基地。同时，将牧场建设作为重点项目重点工作抓紧抓实，总投资 11.2 亿元，新建昊大牧业、嘉之源牧业、万家牧牧场等 13 座牧场。目前，全县共有奶牛规模化养殖场 44 家，奶牛存栏量 13.4 万头，优质牧草种植面积 31.5 万亩（其中，青贮玉米 22 万亩，紫花苜蓿 8.3 万亩，燕麦 1.2 万亩）。

图 8.17 圣牧高科奶业的草业基地（李新乐 摄）

8.4 库布齐治沙案例

8.4.1 基本情况

库布齐沙漠是中国第七大沙漠，在河套平原黄河"几字弯"内的南岸，往北是阴山西段狼山地区。其位于鄂尔多斯高原脊线的北部，包括内蒙古自治区鄂尔多斯市的杭锦旗、达拉特旗和准格尔旗的部分地区，长 400km，宽 50km，总面积约 1.39 万 km²，流动沙丘约占 61%，沙丘高 10～60m，像一条黄龙横卧在鄂尔多斯高原北部，横跨内蒙古三旗。

据《诗经》记载，在 3000 年前的西周时期，库布齐草原上就出现了朔方古城，当时森林茂密、水草丰美、绿茵冉冉、牛羊成群，我国古代少数民族俨狁、戎狄、匈奴都曾在这里繁衍生息。但库布齐地区一直为干冷多风的气候所苦，也承受着历朝历代的过度垦牧与战火兵燹。400 多年前明末清初之际，这里战乱不断，加之无节制、无约束地放垦开荒，大大加重了土地的荒漠化，大片的良田变成荒漠，朔方古城逐渐荒废而被人遗弃，繁华一时的胜景终究湮灭在漫漫黄沙之中。最终风沙肆虐，草原沉沦，风采与荣耀随之而逝，水草丰美的宝地退化为"死亡之海"。同时，风沙一步步向四周吞噬仅剩的草场和农田，沙逼人退的悲剧千百年来一直在上演，粗放式的放牧和破坏性的挖掘活动让脆弱的生态雪上加霜。

新中国成立时，库布齐沙漠每年向黄河岸边推进数十米、流入泥沙 1.6 亿 t，直接威胁着"塞外粮仓"河套平原和黄河安澜，沙区老百姓的生存和生命安全常受其扰。20 世纪 80～90 年代，库布齐沙漠冬春狂风肆虐，黄沙漫卷，800km 外的北京因此饱受沙尘暴之苦。可以说，库布齐沙漠的形成，自然因素是主要的、基本的，但人为作用使其扩张加速，危害加剧。

20 世纪 80 年代末的库布齐沙漠没有公路、没有医疗、没有通信，生活在此地的民众收入微薄，生活困难，人均年收入不足 400 元。部分孩子到了十三四岁还上不了学，很多孕妇和其他疾病患者因沙漠地区交通及医疗条件的限制，得不到及时的救治，被群众称为"死亡之海"。

1988 年，杭锦旗从种树绿化、保卫盐厂、摆脱贫困的朴素愿望开始，面对没有电、没有路、没有水，缺技术、缺人才、少资金的困境，克服种种困难，在发展盐化工的同时，专门成立了由 27 人组成的林工队开始治沙，并从每吨盐利润中提取 5 元用于治沙造林，自此拉开了治理库布齐沙漠的序幕。

8.4.2　主要措施

库布齐模式："一带三区"规划，即沙漠绿化带和生态保护区、过渡区、开发区。按照整体规划、总体设计、分期部署、分段实施的思路，科学确定治理目标、合理布局项目工程，在治理的过程中，逐渐探索、完善了系统化的治沙技术体系，通过"锁住四周、渗透腹部、以路划区、分而治之"和"南围、北堵、中切"的策略，营造了超过 240km 长的防沙固沙锁边林，进行了整体生态移民搬迁，建设了大漠腹地保护区及规模化、机械化甘草基地，林、草、药"三管齐下"，飞播、封育、人工造林"三措并举"，把超过 6000km^2 分成 6 个区域治理，每 1000km^2 形成一个生态单元，集中攻坚治理。规模化治沙解决了区域生物多样性不足、生态环境系统能力差的问题，最终形成了沙漠绿洲和生态小气候环境，实现了生态投资递减、生态效益递增的"二元效应"。

1. "南围、北堵、中切"

南围是指将沙漠南缘围封起来，通过封禁保护自然和恢复植被覆盖率，从而阻挡沙丘向南蔓延。北堵是在沙漠北缘、黄河南岸建起长超过 240km、宽 5～10km 的防沙护河锁边林带，以降低风速、防风固沙，阻止流沙进入黄河主河道。中切是指在库布齐沙漠修建多条穿沙公路，路修到哪里，治沙就跟到哪里，最终实现"以路划区，分而治之"。

2. "以路划区、分而治之"

遵照"以路划区、分隔治理"的治沙方略，在库布齐沙漠修建了 5 条全长超过 450km 的穿沙公路，每 1000km² 为一个治理单元，"以路划区"，集中攻坚，集中治理，路修到哪里，治沙就到哪里，实现"分而治之"。

3. "锁住四周、渗透腹部"

在"以路划区、分而治之"的基础上，实施沿黄河锁边林生态工程、沙旱生林草复合生态工程、碳汇林工程等，从库布齐沙漠东南西北四个方向向沙漠腹地逐步推进，遵循由易到难的自然法则，实现"锁住四周、渗透腹部"。

4. "飞封造"立体造林

针对库布齐沙漠不同的立地条件，通过飞播造林、封沙育林、人工造林三种不同的造林方式，快速促进植被恢复，改善生态环境。飞播造林主要适用于人烟稀少、人力难以到达的特大沙漠区域，具有速度快、效果好、省劳力、成本低、活动范围广、易形成规模效应等特点；封沙育林是一种通过实施人工围栏封育保护干预措施达到恢复植被目的的育林、营林、育草方式；人工造林适用于立地条件相对较好及人类活动相对容易的区域。通过应用"飞封造"立体造林模式，库布齐沙漠形成了以"乔、灌、草"为主，"带、网、片"相结合的绿色防风固沙林体系。

5. "乔灌草"大混交造林

治沙过程中通过采种、驯化、引种、扩繁等多种方式，培育出 200 多种乔灌草先锋乡土树种，并通过多年探索和研究，最终确定乔灌草种植最优比例为 1∶6∶3，创新了乔灌草混交种植技术，最终形成了"乔木挡风降速，灌木遮阴保水，草本固沙改土"的立体治沙防护效果。

乔木代表树种主要有樟子松、小美旱杨、圆柏等，种植面积占比为 10%，耐寒耐旱、抗逆性强，主要作用是挡风降速、固碳增汇。灌木代表树种主要有沙柳、细枝羊柴、柠条、柽柳等，种植面积比例达 60% 以上，都是耐寒、耐旱、耐盐碱的多年生植物，需要定期（三年以上）平茬复壮，以确保其旺盛生长，用于遮阴保水、减少地表蒸发。草本植物代表主要有甘草、苦豆子、沙芦草、沙打旺等豆科植物，种植面积占比为 30%，具有天然的固氮功能，能很好地固沙改土，同时能够加工成饲草料，有一定的经济价值。

6. "顺应自然"

以自然改造自然，用生态治理生态。以自然恢复为主、人工修复为辅，对库布齐地区进行整体保护和塑造，合理选择封禁保护、自然恢复、辅助再生等措施，以恢复生态系统结构和功能，保护生物多样性，增强生态系统稳定性和生态产品供给能力。

7. "三耐植物"

主要基于耐寒、耐旱、耐盐碱"三耐植物"特殊的生理结构和生物学特性，将其作为沙漠治理的首选先锋树种，同时引进同纬度其他地区的"三耐植物"，通过引种、驯化、扩繁，最大限度地开发沙漠植物资源，丰富库布齐沙漠的植物多样性，每一种植物形成一个技术包，广泛应用于不同地区的沙漠治理和生态建设当中。

8. 沙生植物种子包衣丸粒化

沙生植物种子包衣丸粒化理论是一套植物保护理论，主要用于指导飞播造林实践，在库布齐沙漠飞播造林中应用广泛。包衣丸粒化后的植物种子具有综合防治、低毒高效、省种省药、保护环境、投入产出比高的特点，包衣剂中的微肥、有机肥、菌肥和生长调节剂可供种子发芽时吸收，从而增强幼苗抗逆性。

种子包衣是通过机械或人工方法，按一定比例将含有杀虫剂、杀菌剂、复合肥料、微量元素、植物生长调节剂、缓释剂和成膜剂等多种成分的种衣剂均匀地包覆在种子表面，形成一层光滑、牢固的药膜。随着种子的萌动、发芽、出苗和生长，种衣剂中的有效成分逐渐被植株根系吸收并传导到幼苗各部位，从而起到各种作用。药膜中的微肥可在底肥竭力前充分发挥效力，因此包衣种子苗期生长旺盛，叶色浓绿，根系发达，植株健壮。

种子丸粒化可使用重钙粉、重晶石粉等自然资源，以及亚麻籽胶、沙蒿籽胶等纯植物资源，通过完善丸粒化种衣剂的组成配比及工艺，并加入趋避剂、营养剂、促生剂、保水剂、增重剂、黏合剂、崩解剂、警戒染色剂等物质，为种子萌发创造有效微环境，可以有效提高种子的发芽率、生长量及品质、减少病虫害的发生概率。丸粒化后种子重量增加 0.5～15 倍，减少了飞播时种子在下落过程中的漂移，可防止种子落地后发生风蚀位移、无效降水造成种子"闪芽"和鼠兔危害种子。

8.4.3 治理成效

通过坚持规模化、科技化、产业化治沙，30 多年治理库布齐沙漠超过 6000km²，其植被覆盖率达到 65%，保护黄河 200km，保障了京津地区的生态安全，带动 10 余万人发展致富。

1. 生态修复成效

采用现代遥感技术与实地调查相结合的方法，对 30 多年的库布齐沙漠治理的沙化土地类型变化进行了系统监测。结果表明，全区域流动沙地面积从 1986 年的 9206.57km²（占区域总面积的 49.15%）减少到 2015 年的 4619.59km²（占区域总面积的 24.66%）。其中，工程区流动沙地面积从 1986 年的 4774.47km²（占工程区总面积的 73.27%）减少到 2015 年的 2898.15km²（占工程区总面积的 44.48%），而固定和半固定沙地面积从 1741.8km²（占工程区总面积的 26.7%）增加到 3618.16km²（占工程区总面积的 55.5%），不同治理措施均取得明显成效。

2. 产业治沙

在治理库布齐沙漠的过程中从沙漠绿色经济产业出发，逐步形成了一二三产业融合发展的循环经济体系，按照"政府政策性支持、产业化投资、农牧民和社会市场化参与、技术持续化创新"的库布齐治沙模式，实施沙漠六大生态产业，即生态光伏、生态修复、生态健康、生态旅游和生态工业。

（1）光伏治沙＋智慧农牧产业链

光伏治沙＋智慧农牧业工程是一种采用大跨度柔性支架，通过光伏治沙+智慧农牧业的有机结合，实现"板上发电、板间种植、板下种养殖"的光伏治沙复合模式，综合成本与固定地面支架模式持平，板间规模化种植四翅滨藜（接种荒漠肉苁蓉）、沙柳、柠条等沙生灌草，同时实施畜禽饲养，实现光伏治沙与产业发展。光伏治沙板下智慧农牧业的景观化、水肥一体化、机械化、系统运营和管理智慧化，进一步拓展了生态产业链，开创了光伏板下智慧农牧业工程及产业化新纪元，涵盖了沙漠治理、土壤改良、种植业、养殖业、饲料产业、健康产业等。"光伏治沙＋智慧农牧业"工程模式和技术的创新，既可开发清洁能源，又可为沙漠增绿，实现了沙漠绿岛、蓝海、金盆的生态、经济、社会效益多赢。

（2）生态修复产业链

在治沙过程中，将积累的生态修复和产业化开发专利技术进行数字化赋能与实用型成果转化，紧紧围绕国家生态系统保护与修复重大战略，布局国家"三区四带"中重点核心生态功能区的保护和建设，进行生态修复、环境保护治理、乡村振兴和低碳产业开发，通过"生态修复技术与工程服务+绿色产业导入"的商业模式，发挥荒漠化生态修复综合治理及沙漠现代农牧业技术、产业集成优势。

（3）生态健康产业链

以甘草、肉苁蓉、蒙枣、苦参等兼具治沙与医药、保健作用的植物的种植与高技术加工为基础，通过行业领先的蒙药企业、中西部地区领先的兼具传统和现代剂型的创新中药企业，聚焦沙漠特色中药材、药品和药食同源康养产品，创新发展，创意经营，独创了综合型生态健康产业，延伸了沙漠生态资源产业链条。

（4）生态旅游产业链

充分利用库布齐沙漠丰富的沙、水、林、田、湖、草资源与蒙元文化资源，借助周边"四机场一高铁"的便利交通，打造集沙漠观光、民俗文化旅游、体育竞技、沙漠探险、旅游小镇于一体的七星湖沙漠生态公园（4A 级景区）。库布齐沙漠已成为人们向往的绿色氧吧、沙漠康养胜地，以及国内外游客来内蒙古旅游的首选目的地之一。

（5）生态工业产业链

利用现代煤气化和生物气化融合技术，实现了灌木林平茬后植物枝条、农作物秸秆、牲畜排泄物等生物质资源与工业废渣的资源化利用，建成了年产 260 万 t 炭基复混肥与沙漠土壤改良剂的项目以及年产 70 万 t 乙二醇的多联产项目。

3. 水资源评价

《库布齐沙漠治理水文效应研究与生态水文监测系统规划》显示：库布齐沙漠所在的重点区域为西北部沿黄区与毛不拉孔兑两个区域，总面积 8729km²，自产水资源量 1.83 亿 m³，其中西北部沿黄区为 1.43 亿 m³，毛不拉孔兑为 0.40 亿 m³；行政上隶属于鄂尔多斯市杭锦旗，有 4.1 亿 m³ 的引黄水量水权。

重点区域可利用的水资源量包括三部分：本流域自产水资源的可利用量，有水权指标的引黄水资源量，以及多余洪水满足生态功能后可利用的水量。

区域除去后续植被建设耗水后的可利用水资源量只有 0.21 亿 m³；引黄水量有 4.1 亿 m³ 的水权；另外，杭锦淖尔蓄滞洪区每年有 0.38 亿 m³ 的可利用水资源量。

库布齐沙区总的可利用水资源量大约是 4.31 亿 m^3，加上机动黄河蓄洪水量，最大可利用水资源量为 4.69 亿 m^3。去除现状水资源消耗量，本流域自产水资源在保证生态用水的前提下，仍然有 0.05 亿 m^3 的可利用量。

2017 年的水文地质调查表明，黄河沿岸地下为潜水承压水互层，黄河是潜水的排泄基面，但承压水接受黄河补给，出水丰富。在取水许可的情况下，可以使用承压水，水量等同于引黄水量，在节约用水灌溉技术的调控下，完全可以维持该区域的生态平衡。

4. 生态效益

35 年来，累计治理绿化库布齐沙漠 910 万亩，其中 1/3 是其以承包租赁沙漠土地方式治理绿化库布齐沙漠的核心治理区，1/3 用于其与当地农牧民开展"公司+农户"模式的种药材、种牧草，1/3 用于其与政府合作开展飞播公益治沙。据联合国环境署 2017 年评估，核心治理区植被覆盖率由过去的不足 3% 提高到今天的 65%，沙尘暴从 20 世纪 80～90 年代的年均 50 场减少到如今的 1～3 场，沙丘高度降低 2/3，涵养水源超过 200 亿 m^3，固碳量从几乎为 0 增加到 1540 万 t，释放氧气 1830 万 t。库布齐沙漠已经形成了沙漠绿洲和生态小气候环境，生物多样性得到明显恢复，动植物种类由 20 世纪 80 年代的 100 多种增长到如今的 1026 种。

5. 保卫黄河效益

过去频发的沙尘暴和暴雨通过十大孔兑将库布齐沙漠的沙子冲向黄河，形成巨型沙坝，造成黄河多次断流。据统计，2000 年前库布齐沙漠平均每年流入黄河的沙子超过 2000 万 t，最严重的 9 次每次输入黄河的泥沙量达 1.441 亿 m^3。如今的"防沙护河锁边林"保护了黄河"几字弯"的近 200km，河床绿化率达 53% 以上，成为河套平原南岸的重要生态屏障，实现了"沙漠变绿洲，黄河筑绿堤"。2019 年 9 月 18 日在黄河流域生态保护和高质量发展座谈会上，习近平总书记指出，中游黄土高原蓄水保土能力显著增强，实现了"人进沙退"的治沙奇迹，库布齐沙漠植被覆盖率达到 53%。

6. 产业经济效益

一是生态光伏，4GW 光伏治沙项目总投资近 200 亿元，年产值超过 30 亿元，可实现年减排 CO_2 近 500 万 t。二是绿色化工产业，年均产值超过 200 亿元；"十四五"时期创新性提出"上游绿电、中游绿氢、下游绿色化工"的独具特色的高技术、高附加值且可持续、可复制的光氢化一体化融合发展模式，着力打造国内规模最大的亿利阳光谷低碳产业基地。三是健康产业，"五朵金花"延伸了沙漠资源产业链，年产值近 20 亿元，带动了上万人就业致富，实施了规模化治沙；种植的有机马铃薯、有机黄瓜、有机番茄在高端市场供不应求。四是生态旅游，七星湖景区每年接待游客达十几万人次。总体而言，从整体上实现了沙漠土地增值、碳汇增值和生态资产增值。联合国认证的库布齐生态治理创造的生态财富（GEP）超过 5000 亿元。

7. 国际影响

库布齐国际沙漠论坛（简称"论坛"）是中国政府批准的国家大型涉外论坛，也是全球唯一以荒漠化防治为主题的大型国际论坛。论坛创办于 2007 年，每两年举办一届，已连续成功举办八届，永久会址设立在内蒙古自治区鄂尔多斯市库布齐沙漠七星湖，是展示我国荒漠化防治和生态文明建设成果、推动防沙治沙国际交流合作的重要窗口和平台。

习近平总书记高度重视荒漠化防治，党的十八大以来多次对库布齐沙漠治理和论坛作出重要指示批示。2017 年和 2019 年，总书记连续向第六届、第七届论坛发来贺信，肯定了库布齐治沙是中国荒漠化防治的成功实践，为国际社会治理环境生态提供了中国经验，肯定了论坛是各国交流防沙治沙经验、推动实现联合国 2030 年可持续发展目标的重要平台。论坛坚持践行习近平生态文明思想和"绿水青山就是金山银山"理念，贯彻落实总书记关于发挥好论坛国际交流合作重要平台作用的指示精神，持续推进全球荒漠化防治新理念交流、新机制构建和新技术与沙漠生态新能源产业国际合作。

近年来，先后有近 100 个国家、地区和国际组织的 3000 多位政要、驻华使节、学者、科学家、企业界和金融界代表及公益环保人士参加论坛、交流经验、探讨合作，不断推动国际社会为防沙治沙、共建生态文明携手合作。如今，国际社会已形成了"世界治沙看中国、中国治沙看库布齐"的共识。党的十八大以来，库布齐治沙模式先后于 2013 年、2017 年两次写入了《联合国防治荒漠化公约》第十一次缔约方大会（COP11）、COP13 有关决议，肯定了库布齐沙漠治理是政府、私营部门、社区三方合作、共享成果的治沙典范，库布齐国际沙漠论坛是实现《联合国防治荒漠化公约》战略目标的重要手段和平台；2015 年巴黎气候大会将库布齐治沙树立为全球样本。论坛成立了全球沙漠生态科技国际联盟，搭建了全球沙漠科学技术，有力推动了库布齐多项治沙生态技术的研发和创新，有效推动了"一带一路"共建国家和地区防沙治沙的交流合作。

第9章 黄河流域盐碱与砒砂岩区生态修复治理

9.1 内陆治盐的内蒙古河套案例

9.1.1 内蒙古河套平原地理环境与土壤盐碱化成因

《明史》记载黄河河套地理范围为：黄河经今宁夏北流至内蒙古巴彦淖尔市磴口与临河之间，以乌加河为主干道东折，然后流经包头、托克托，再南折流往山西河曲、保德，呈"几"形，形似套状，故称河套。现代黄河河套平原分为银川平原的"西套"和内蒙古部分的"东套"。内蒙古河套平原又分为巴彦淖尔平原（后套）和土默川平原（前套）。狭义的河套平原仅指后套平原，也是本研究所指代的地区，面积近 1 万 km^2，巴彦淖尔市位于核心位置。河套平原是我国著名的三大灌区之一——河套灌区（2019年 9 月 4 日被列入世界灌溉工程遗产名录），也是我国重要的粮油产区和西北的干旱半干旱生态屏障区。河套平原位于黄河"几"形的西北角，北依阴山，南临黄河，西接乌兰布和沙漠，平均海拔在 1000m 以上。

河套平原属温带大陆性气候，年均降水量在 200mm 以下，年均蒸发量高达2000mm 以上，降水少蒸发强，是典型的干旱少雨生态脆弱区。在富含盐分的成土母质、地表和地下水动力作用以及特殊的地形等因素综合作用下，本区域大面积的土地出现原生盐碱化现象（亢庆等，2005）。同时，河套灌区土壤次生盐碱化问题也普遍存在。河套灌区引黄灌溉水含盐量约为 0.5g/L，这些矿化度中等的灌溉水由总干渠（180km）由西向东通过各级干渠、分干渠供水，通过各级干沟汇入总排干（220km），最后以乌梁素海作为退水承泄区。在如此广大的土地面积内，传统的漫灌方式与灌区排水不畅等导致次生盐碱化与原生盐碱化并存，而传统粗放的耕作方式加剧了土壤积盐，致使河套平原盐碱地面积大、盐碱积累多和时间长、盐碱化程度重，严重影响地区农林牧业经济发展和生态环境建设。

9.1.2　河套平原盐碱化的发展与现状

河套平原灌区土壤盐碱化的演变是一个动态过程，从文献资料来看，虽然根据不同方法对河套平原盐碱耕地面积进行测算的结果并不统一，但发展趋势相似，自新中国成立以来大致经历了"快速发展—相对加重—平稳发展—逐步控制"四个阶段（王军涛等，2021）（图 9.1）。黄河干流的三盛公水利枢纽工程建成后，南北两岸修建干渠超过 500km，灌溉面积由 20 世纪 50 年代的不足 20 万 hm^2 发展到 2016 年的 71.53 万 hm^2，河套地区盐碱地面积随之增加，最高达到 32.27 万 hm^2，与实际灌溉面积的增加成正比。利用基于多时相遥感反射光谱特征的遥感技术对河套地区土壤盐碱化动态变化进行监测发现，以 2006 年影像数据为基础估算的盐碱地面积占测算区域总面积的 8.67%（分类精度 86.51%，Kappa 系数为 0.8667）（安永清等，2009）。在盐碱化最为严重的 2010 年前后，河套灌区盐碱地面积为 51.68 万 hm^2，其中盐碱耕地和盐碱荒地面积分别为 27.71 万 hm^2 和 23.97 万 hm^2（侯智惠等，2018）。近年来，通过科学精准治理，灌区盐碱化得到初步控制，据巴彦淖尔市水利科学研究所抽样调查，2018 年河套灌区盐碱耕地面积为 22.22 万 hm^2，比 2010 年减少了 19.81%。

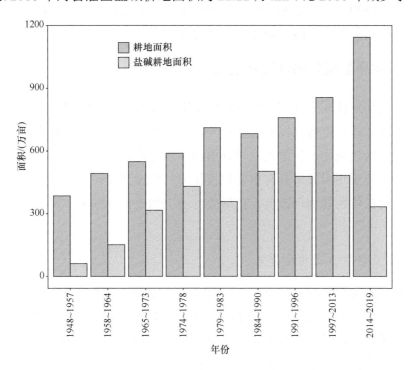

图 9.1　各时期河套灌区耕地与盐碱耕地面积（王军涛等，2021）

9.1.3 河套平原盐碱地的类型与分布

河套平原的盐碱地类型较为复杂多样，多以复合型形态交叉并存，根据盐分组成的不同可以分为硫酸盐盐化土、氯化物盐化土、苏打盐化土和钠质碱化类盐化土，当地农民在长期的生产实践中，根据外表形态分别为其起了俗称，用于区别。不同类型的盐碱地占河套灌区盐碱地总面积的比例见表 9.1。

表 9.1　河套平原不同类型盐碱地的面积占比

盐碱地类型	当地俗称	占比
硫酸盐盐化土	蓬松盐土、毛拉碱、扑腾碱	50.0%
氯化物盐化土	潮湿盐化土、黑油碱	29.1%
苏打盐化土	马尿碱、水碱、明碱	11.2%
钠质碱化类盐化土	白僵滩、光板地	9.7%

总体来看，河套灌区东部和北部的盐碱程度比西部与南部要重；局部地形上，洼地边缘和局部高起部位因地表水分蒸发相对强烈而易积聚盐分，形成盐斑。在总干渠及总排干两侧、乌梁素海等自然湖泊周围，尤其是黄河和二黄河之间、总排干沟两侧、乌梁素海周边盐碱地分布多，且含盐量高。

9.1.4 河套平原盐碱化治理技术集成

土地盐碱化是盐碱成分在土壤中超量富集导致的土地退化现象。盐碱化与资源、生态环境以及农林业可持续发展密切相关，是危害农林牧业生产和人民生活的不利因素。防治土地盐碱化、科学改良和利用盐碱地对提升河套平原生态系统稳定性、土地生产力和资源利用效率具有重要积极作用。经过多年研究与探索，目前河套平原盐碱地改良在传统的物理改良、化学改良及生物改良基础上，形成一些新的治理模式和技术。

1. "三控一改"生态治理模式

中国科学院南京土壤研究所牵头研发了"三控一改"生态治理模式，即控水、控盐、控肥、改土（杨劲松等，2022）（图 9.2）。本模式采用暗管技术控制地下水位并进行土体排盐，采用深松/粉垄技术打破土壤板结层，利用土壤改良剂、微生物肥料对土壤进行改良，并采用水肥一体化控制技术调节水肥盐平衡。通过针对不同深度土体的配套改良措施的实施，实现了水盐肥的时空立体调控，从而降低了生态修复成本、提高了土地利用效率和经济产出。

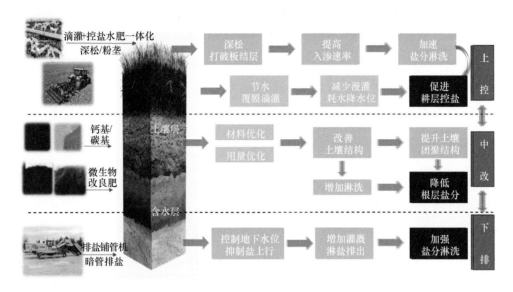

图 9.2　河套平原盐碱地"三控一改"生态治理模式

2. "六字三阶段"生态治理技术

宁夏大学牵头研发了以"平、硫、肥、种、灌、排"为核心的"六字三阶段"河套盐碱地生态治理技术。第一阶段是"灌"和"排"。"灌"是指脱硫石膏施用后灌水泡田，使其与土壤充分反应；"排"是指洗盐脱盐。这一阶段的重点是解决区域与田间的水盐平衡问题，核心是地下水临界值及积盐、脱盐问题的处理。第二阶段是"平""硫""肥"。"平"是指平田整地，"硫"是指施用脱硫石膏，"肥"是指施用有机肥、农家肥、化肥等。这一阶段的重点是形成良好的土壤团聚体。第三阶段是"种"，指筛选出适宜的耐盐碱植物种类和品种。该团队还构建了盐碱地旱作与稻作水盐调控模式、土壤有机无机复合培肥模式、脱硫石膏综合改良集成模式，以及生物质能源植物配置与利用、低洼盐碱地稻田养蟹、苇田养鱼等生态修复模式 12套；开发了盐碱地高钙枸杞、弱碱大米、文冠果油等特色产品 6 个，构建了河套盐碱地生态修复及其延伸产业发展模式。

3. "上覆-中改-下隔"改良中重度盐碱地

针对内蒙古河套灌区地下水位浅，蒸降比大，土壤盐分运移以"上行"占优势，盐分表聚严重等突出问题，中国农业科学院提出了以隔断盐渍土壤水盐运移通路、创建淡化肥沃耕层为理论核心的盐渍土改良模式——地膜覆盖结合秸秆隔层（简称"上膜下秸"）技术（赵永敢，2014）。在重度盐碱地可采用"上覆-中改-下隔"技术，即地表覆盖地膜减少蒸发保墒，表层土壤施用脱硫石膏深旋改土，秸秆深埋隔盐。其主要关键步骤包括：①将秸秆平铺在中重度盐碱化土壤的地表，然后进行翻埋，即为"下隔"；②翻埋后在地表上施脱硫石膏，然后进行深旋，即为"中改"；③最后在地表覆盖地膜，即为"上覆"。

9.1.5 河套平原盐碱地生态治理示范案例

巴彦淖尔市在蒙牛磴口分公司、伊利杭锦后旗分公司等乳业企业的带动下，建设了奶牛科技示范园区，通过牵头牧场与规模养殖场相结合的发展形式，奶牛规模化养殖比例达95%。同时建成了中国地级市中唯一能够常年育肥出栏、四季均衡上市的最大肉羊生产基地，肉羊规模化养殖比例达70%。随着畜牧业转型升级核心向"提质、增效、绿色"转变，在草食牲畜日粮中添加本地优质牧草可显著增加养殖效益。当前，巴彦淖尔市优质饲草产量不足需求量的30%。通过改良盐碱地和在盐碱地上种植耐盐碱牧草，可以有效扩大优质饲草种植面积并提高其产量，非常有利于保障饲草供应稳定，并推动畜牧养殖业健康发展。因此，在内蒙古河套平原建立农牧业支柱产业和生态治理协调发展的盐碱地修复与利用模式，可以兼具经济和生态效益。2017年巴彦淖尔市提出实施盐碱地"改盐增草（饲）兴牧"示范工程，通过以草兴牧与改盐兴牧相结合，打造河套全域绿色有机高端农畜产品生产加工输出基地，以养带种，提高盐碱地生产力。

1. 盐碱地改良措施

盐碱地改良采用综合措施模式，即根据不同类型盐碱地，将工程措施（开沟起垄、铺设暗管等）、化学措施（撒施脱硫石膏、明沙、有机肥及改良剂等）和种植耐盐碱植物有机结合，针对实际地块采用与自然资源相配套的生态导向型治理技术。在重点推进五原县 $3300hm^2$ 项目的过程中，基本形成暗管洗盐、深松排盐、节灌控盐的盐碱地生态治理配套技术。

2. 耐盐碱牧草筛选

在收集耐盐碱牧草品种的基础上，通过研发良种筛选与繁育技术，建立配套种植技术体系，选择出紫花苜蓿、饲用油菜、燕麦、甜高粱等耐盐性较强的牧草品种。引种的耐盐碱油菜可以在中度至重度盐碱化土壤上存活、繁殖，可明显增加盐碱地土壤速效磷、有效氮和有机质含量，种植三年后土壤中有机质与有效氮含量分别增加 17% 与 20.7%。采用麦后复种方式，耐盐碱饲用油菜产量达到 69.4t/hm² （马惠茹，2020）。河套灌区 2015 年优选出的燕麦品种'陇燕 1 号'和'加燕'，推广种植 53.33hm²，鲜草产量 52.5t/hm²。

3. 示范成效

示范工程实施 5 年，以撒施脱硫石膏、明沙、有机肥、改良剂与种植耐盐碱作物的"五位一体"技术改良土壤 5 万亩，叠加实施"上膜下秸"技术 2000 亩、"暗管排盐"技术 5600 亩。通过实施盐碱地改良项目，项目区新增可耕地 4500 亩，轻度盐碱地保苗率提高 20%，达到 95% 以上；中度盐碱地保苗率提高 40%，达到 90% 以上；重度盐碱地保苗率提高 60%，达到 80% 以上。改良后进入产量稳定期，每年亩均新增效益 780 元以上，较改良前翻一番（图 9.3）。

图 9.3　种植耐盐碱植物改良盐碱地
引自五原县人民政府网

9.1.6　基于资源承载力的河套平原盐地治理与林草利用方案设想

资源承载力既是一个区域性问题，也是一个全球性问题。河套灌区自西向东横跨巴彦淖尔市的磴口县、杭锦后旗、临河区、五原县和乌拉特前旗 5 个地区，2016 年末总人口 154.81 万人，粮食总产量 194.45 万 t；水资源总量 46.277 亿 m³，其中地表水资源量 42.483 亿 m³，包括引黄水量（41.976 亿 m³）和地表径流量（0.507 亿 m³）。从水资源的利用分配来看，2016 年农业灌溉用水量最大，达到 40.653 亿 m³，而林牧渔畜总用水量仅为 2.718 亿 m^3。从土地资源来看，耕地面积超过 61 万 hm^2，林地近 9 万 hm^2，草地近 12 万 hm^2，林草用地总计近 21 万 hm^2。

从 2006～2008 年与 2014～2016 年黄河出入境水量的比较来看，河套灌区黄河来水逐年减少，灌区土地盐碱化较为严重，且灌区水质存在引黄水氨氮污染问题。与此同时，测算发现 2010～2016 年河套灌区水资源农业经济规模承载指数均在 0.9 以上（小于 1 时表明水资源承载力有盈余，大于 1 时则表明水资源超载，等于 1 时为平衡状态），表明灌区现有农业经济规模已接近水资源可承载的最大规模（侯智惠等，2018），资源承载力已是当地农业经济发展的重要限制因素。

综合以上分析可知，除不断加强农业用水协调外，通过农业与林草业调整来提高当地资源承载力也是可行的途径。21 世纪初，曾有企业提出在磴口投资建设林浆纸一体化工程，主要是计划利用渠地和盐碱地发展纸浆原料林，一方面可以利用水渠侧渗水资源来建设农田防护林网，另一方面通过种植耐盐纸浆材树种来增加蒸腾、降低地下水埋深。"十三五"期间，中国林业科学研究院与巴彦淖尔市林业科学研究所共同开展了河套平原耐盐碱林草植物品种培育和抗盐碱种植修复关键技术研究，系统研究了从植物耐盐机制到耐盐碱林草种质的多水平、高通量综合优先利用技术以及盐碱地造林技术，提出了河套平原盐碱地"乔木+灌木+多年生牧草"植被错时空构建技术，相关技术为河套平原盐碱地的生态治理提供了林草利用方案与思路。

随着盐碱地改良技术的不断发展，当前还需要进一步研发更加多样高效的盐碱地林草种植模式，以减少对水资源的耗费和降低对盐碱地工程改良的依赖，在降低盐碱地生态治理成本的同时，增加盐碱地高附加值产品的产出，从而提升盐碱地的生产效率，最终实现基于河套灌区资源承载力的经济发展模式。

9.2 滨海治盐的东营案例

黄河三角洲是黄河流域另一个盐渍化土壤集中分布的区域，在其未利用土地中，盐碱地 270 万亩，荒草地 148 万亩，滩涂地 212 万亩，盐碱地由于面积大、土壤含盐量高，严重影响种植业的发展（白春礼，2020）。

盐渍土作为生态系统的一部分，由于独特的土壤理化、生物学性质，往往产生异于正常生态系统的物质、能量循环过程，从而造成农业资源的浪费和脆弱生态环境的恶化，并造成经济损失和次生危害（Li et al.，2014）。

目前对盐渍化土壤的改良利用主要集中在四个方面。①物理调控：通过改变耕层土壤物理结构、降低蒸散量、增加深层渗漏量来调节土体水盐运动，从而提高土壤入渗淋盐性能，抑制土壤盐分上行并减少其耕层聚集量。②化学调理：以离子代换、酸碱中和、离子均衡为主要原理，运用 Ca^{2+} 置换出土壤胶体的 Na^+ 并使之淋洗出土体以降低或消除其水解性碱度，利用无机酸释放、有机酸解离和 Fe^{2+}、Al^{3+} 水解形成的 H^+ 与土壤溶液的 CO_2^{3-}、HCO_3^- 中和来清除 OH^-，通过降低土壤碱化度（ESP）和 pH 的方式消除碱化危害，主要适用于碱土、盐化碱土和碱化盐土。③灌排管理：指通过不同类型的灌溉手段，结合明沟、暗管、竖井等排水方式，控制或降低地下水位、维持耕层或植物根系分布区的水盐平衡、促进土体盐分排出的水盐调控方式。④生物改良：提升植物的耐盐抗逆能力并在盐渍土上进行适应性种植，利用植物根系生长改善盐渍土理化性质，或最大化植物生物量结合收获物采收移除部分盐分，主要机制为植物耐盐性、植物生长提升土壤质量、植物收获物采收除盐三个方面（Zheng *et al.*，2018；杨劲松等，2022）。

利用生物措施改良盐碱地具有可持续性强和地力能自我维持等优点，而植物材料和植物配置模式的选择是关键环节。林草复合系统能够提高土地生产力、高效利用自然资源，可较好地促进林业-草业系统的相互融合及对退化生境进行综合治理（孙佳等，2020）。

9.2.1　黄河三角洲盐碱地概况

在我国超过 18 000km 长的海岸带，各地入海江河携带的大量泥沙汇聚成陆，由于海水的浸渍或顶托作用，形成了以氯化物盐碱土为主的滨海盐碱地。滨海盐碱地一般包括盐渍化的滨海平原和滩涂。从分布上看，长江以北多为河口平原淤泥海岸，滩涂范围较宽，滨海盐碱土多呈连片带状大面积分布，一般宽度 10～20km，最宽可达 50km 以上；长江以南滨海盐碱土多呈斑点状或狭窄条状断续分布，最宽不过 10～20km（王遵亲，1993）。因滨海大部分地区持续汇水，滩涂面积不断增加，滨海盐碱地面积也不断扩大。

在长江以北，渤海湾、莱州湾沿岸由于源于黄河、淮河、滦河、辽河等的沉积物不断积累，加上海水持续侵袭，成为滨海盐碱地的主要集中地。这片大面积滨海盐碱土的形成与高矿化度地下咸水带有直接关系，咸水带的矿化度远高于海水，是通过海潮长期侵袭蒸发浓缩形成的，与海岸线大致平行。土壤发育差、盐度高、质地黏重、养分极度匮乏、自然灾害多是此区域的典型特征，尤以黄河三角洲最为典型。同时，滨海盐碱土存在明显的分带现象，即成陆愈迟，离海愈近，地下水矿化度愈高,土壤积盐愈重,反之,则为相反趋势,形成了与海岸线平行的带状土壤分布规律。而在长江以南,随纬度降低,降水量增大、入海的淡水量增多,土壤脱盐快、返盐季节短,因此盐碱地多呈斑块、狭条分布,甚至短期存在,且土壤分带现象不明显。因此,长江以北地区是滨海盐碱地改良利用的主攻区域。

黄河三角洲位于渤海湾南岸和莱州湾西岸,是黄河携带的大量泥沙在渤海凹陷处沉积形成的冲积平原,是全球最年轻的三角洲和新生陆地之一。通过河-海-陆交互作用,黄河三角洲形成了独特的地理环境,是我国东部沿海后备土地资源最丰富的地区,无论在我国的经济发展上,还是在我国的环境建设上都具有重要的意义。但是,盐碱地面积广大、盐碱度高、异质性高、资源约束严重、生态功能低下、生态系统脆弱,土壤盐渍化等极为突出的问题已成为该地区生态文明建设和经济社会发展的主要环境障碍,也是该地区长期可持续发展的瓶颈。目前,黄河三角洲盐碱地区普遍存在的问题主要有以下几点。

1. 盐碱面积广、盐渍化程度高、变异性大、成因复杂

据统计,黄河三角洲盐碱土面积为 $4.3 \times 10^5 hm^2$,占土壤总面积的 50.9%;除南部外,其余地区均有盐碱土分布(王兴军等,2020);未利用的盐碱荒地有 $1.6 \times 10^5 \sim 1.8 \times 10^5 hm^2$,占未利用土地总面积的近 1/3(欧阳竹等,2020),每年还有 $1.33 \times 10^3 \sim 2.0 \times 10^3 hm^2$ 的盐荒地形成。

黄河三角洲盐碱土类型以氯化物盐碱土为主,盐渍化程度逐年加剧,无论是年内季节变化还是年际变化均表现为不断积盐(付腾飞等,2017)。其中,新生湿地中盐分含量在 7.9g/kg 以上的土地面积占到 80.53%,$0 \sim 10cm$ 土层水溶性盐平均含量为 12.27g/kg(刘玉斌等,2018)。不同深度土壤的含盐量均明显呈现出由沿海向内陆递减、由河道两侧向外递增、由南向北递增的趋势(Wang et al.,2014;王瑞燕等,2020)。

土壤盐分在时间和空间上的分布均表现出强烈的异质性。黄河河水、地下水和海水复杂的相互作用主导了黄河三角洲土壤盐分的空间分布规律,地势因素及不同的土地利用方式均对土壤盐分空间分布产生了比较显著的影响,加剧了土壤盐分的时空变异(Wang et al.,2014,2017;刘玉斌等,2018;杨劲松和姚荣江,2007)。另外,改良过的土地在气候变化、用管不当和平原水库因素等的影响下,返盐退化现象十分普遍。

2. 土壤质量差，供养能力低

黄河三角洲是在陆地和海洋的共同作用下由大量泥沙堆积形成的缓冲带，土壤多为新淤土，成土时间短、盐碱程度高，造成土壤性质差、养分缺乏严重。

在 0～10cm 土层，总氮、总磷含量整体上呈现出由海向陆递增、由河道两侧向外递减的趋势，高值区多集中于河道两侧，低值区多为近海滩涂地区（刘玉斌等，2018）。东北部沿海滩涂土壤质量最差，随距海岸线的距离增大，土壤质量综合评价指数逐渐升高，呈环状分布；质量最差的区域主要为滩涂、光板地和盐荒地，其特点是养分匮乏、盐分含量高、脱盐困难等（吕真真等，2015）。此外，盐碱化导致土壤结构黏滞、通气性差、容重高、升温慢、微生物活动性差、养分释放慢、渗透性差、毛细作用强等问题，加剧了表层土壤的盐渍化程度。

3. 自然灾害频发，水资源约束严重

除土壤质量差外，黄河三角洲面临的另一重大挑战是水资源约束：淡水资源十分匮乏，是资源性严重缺水区；降水时空分布极其不均，夏季涝、三季旱的现象频发，越是近海区域降水反而越少（高明秀和吴姝璇，2018）；对黄河客水资源有高度的依赖性，其占供水总量的 53.4%，其中农业用水量占供水总量的 80.4%，生态环境用水量极少且易受到工农业和城市用水等的挤占（欧阳竹等，2020）。近年来，全球变暖导致的暖干化气候趋势加剧了黄河三角洲地区的缺水程度（宋德彬等，2016），而以淡水洗盐为主要方式的盐碱地改良措施，加上改良后的灌溉需求进一步加大了生态用水缺口（高明秀和吴姝璇，2018）。

黄河三角洲的地下潜水主要是氯化钠型咸水、盐水、卤水，矿化度为 2～50g/L，且地下水埋深较浅，一般在 0.5～2.5m，其中滨海地带普遍小于 1.0m，绝大部分区域地下水位超过临界埋深（安乐生等，2013）。随着地表水的淡水量减少，地下水补给不足和随之而来的海水入侵已成为黄河三角洲盐碱地区严重的环境问题。

4. 植被类型少、结构简单、组成单一、稳定性差

黄河三角洲的天然植被以滨海盐生植被为主，占天然植被的一半以上，盐生植被以草本为主，群落组成单调，主要有盐地碱蓬（*Suaeda salsa*）、獐毛（*Aeluropus sinensis*）、荻（*Miscanthus sacchariflorus*）和芦苇（*Phragmites australis*），木本有甘蒙柽柳（*Tamarix austromongolica*）、旱柳（*Salix matsudana*）（王仁卿等，2021）。人工林主要有刺槐（*Robinia pseudoacacia*）、白蜡树（*Fraxinus chinensis*）、榆树（*Ulmus pumila*）、旱柳等，其中单一树种的林分占90%以上，纯林多，混交林少，病虫害严重，林分稳定性差（王月海等，2018）。林龄较大、土壤次生盐渍化、天然降水不足、蒸降比大等因素加速了人工林的衰退进程，导致防护功能降低、林地退化等现象发生（乔艳辉等，2019）。

9.2.2 盐碱地系统改良、农田林网构建与生态修复模式

黄河三角洲地区一直进行着各种盐碱地改良技术的探索与实践。纵观改良措施，大致分为两类：一是物理、化学、工程等改土措施（如洗盐、滴灌控制盐度、地下排水），虽见效快，但成本高、不稳定、易反复；二是基于种植耐盐碱植物等的生物改良措施，具有可持续性强和地力能自我维持等优点。通过生物改良措施，如人工植被构建、自然恢复与人工干预复合、景观重构等途径，可实现生态系统结构和功能的恢复，从而减轻或改变土壤盐渍化对生态环境造成的不利影响。将两类技术综合应用，就形成了高效的改良模式，能够快速改善中重度盐碱地生态环境和景观效果，实现中重度盐碱地的绿化和生态修复。

1. 滨海盐碱地"台田（条田）-浅池"系统改良模式

基于水盐运移理论，从水分循环及高效利用、改良土壤和保护农田的角度，在滨海低洼地区中度盐碱地段，采用优化集成技术"外围水渠循环-内置生物池养殖-间隔台田种植-四周配置防护林"（图 9.4）（夏江宝等，2017a），在传统台田整地的基础上，实现水体可循环并高效利用、降盐改土并防风护田、农田高产稳产，从而有效解决水分及生物连通性低和次生盐渍化等问题。首先，利用水利工程整地技术形成集"外围水渠-内置生物池-间隔条/台田"于一体的治理模块，能够改变水盐运移，控制好地下水位深度，增强水系循环和提高水分利用效率。其次，构建可实现水分和生物连通的生物养殖池，避免形成单一死沉水体，利于水盐循环交换和生物成活率提高。最后，将条田营建为由不同植物材料配置的主、副防护林带，与农田一起形成林田网格，主防护林带以乔木为主进行乔灌混交，副防护林带以灌木为主进行灌草混交，从而形成疏透度不同的防护体系，植物材料以杜梨（*Pyrus betulifolia*）、甘蒙柽柳、白蜡树、榆树和紫穗槐等耐盐碱树种为主。

模式改良效果：可起到较好的压碱抑盐效果，提高了植被成活率及其防护功能，显著提高了土地利用率和生产力；条田防护林带主要对台田和水渠、生物养殖池起到改善小气候、防风减灾和促进农作物增产的生态、经济效益，并通过植物材料的

生长，改变水渠和条台田土壤体的水盐运移，改良土壤的效应显著。

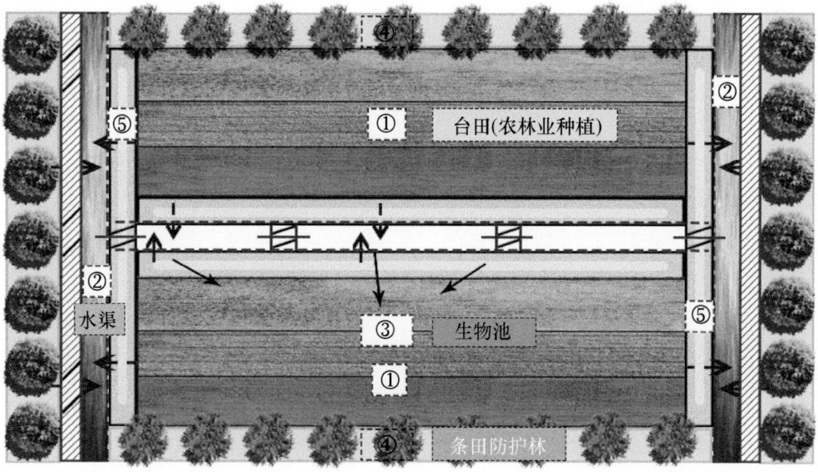

图 9.4　滨海低洼地岛屿型盐碱地综合治理模式平面示意图
①台田（农林业种植），②水渠，③生物池，④条田防护林，⑤田埂；蓝色代表水系，绿色代表防护林

2. 基于构筑型概念的滨海地区中度盐碱地农田林网综合构建模式

依据滨海地区盐碱地水盐运移规律及植物演替理论，基于构筑型概念，在滨海中度盐碱地段，采用"水渠整地（水工措施）-林草配置（生物措施）-农作物（农业措施）"技术，优化集成集"降盐改土、防风增产"于一体的盐碱地农田林网构建模式。采用高标准水渠-条田-台田构建工程技术，形成以"Γ"形沟渠、聚盐带、条田、台田、农田等 6 构件为主要要素的条台田（图 9.5）；从低条田到高台田含盐量依次降低，三道不同高度的条田分别设置以草本、灌木和乔木为主的防护林体系，构建成水平结构和垂直结构显著的复合生物体；农田林网进行乔灌草立体配置，林带走向以垂直于滨海地区主害风北风（主林带）和沿海东风（副林带）为主，即林带整体围绕"Γ"形沟渠对应布置，形成高效的农田林网体系（夏江宝等，2017b）。

模式改良效果：能有效解决中度盐碱地防护林成活率低、地表返盐严重、结构功能不稳定的问题，极大地提高了树木成活率和保存率，起到了较好的压碱抑盐功能，利于盐碱地农田林网结构和功能的稳定，综合防护效能好。实施 3 年条田带植被覆盖率即可达到 85%以上，林带平均防风效能提高 25%以上，农田耕作层含水量增加 5%以上、含盐量降低 80%以上，主要农作物小麦、玉米和棉花平均均增产 10%以上。

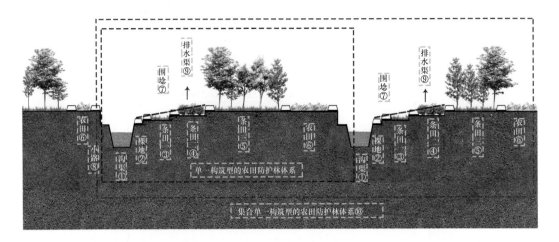

图 9.5　中度滨海盐碱地农田林网体系构件模式纵剖面示意图

①"Γ"形沟渠；②聚盐裸地（道路）；③条田一，以草本为主；④条田二，以灌木为主；⑤条田三，以乔木为主；⑧农林业操作小路；⑨从低到高条田上的排水渠；⑩至少设置 75m 长南北向沟渠、林网的单一构筑型农田防护林体系 2 个，或 50m 长南北向沟渠、林网的单一构筑型农田防护林体系 3 个，构成一个农田林网体系

3. 重度盐碱地段林草生态工程治理及配套生物修复

重度盐碱地段土壤改良是滨海防护林体系建设的难点和重点，而工程技术是改良利用重度盐碱地的必要基础措施。依据黄河三角洲盐碱地水盐运移规律及盐碱地改土培肥原理，优化集成"集合单元模块的台田沟渠→裸地晒田，冰冻改土→深翻熟耕，种植绿肥→防护林植物材料配置"复合技术模式。依据林带长度实施，首先构建"林网、路网、水网"三位一体，集合"双渠双田"单元模块的高标准平整土地（图 9.6）；然后进行约一年的裸地晒田、冰冻改土；然后深翻熟耕，蓄水压盐，

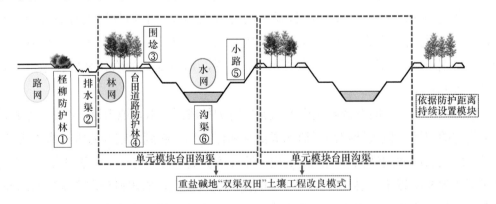

图 9.6　重度盐碱地"双渠双田"土壤工程改良模式示意图

种植以苜蓿、红豆草为主的绿肥植物一年；最后种植防护林植物材料（夏江宝等，2012）。

模式改良效果：能有效解决道路防护林植物材料成活率低、地表返盐严重、结构功能不稳定的问题，极大地提高了树木成活率，起到了较好的压碱抑盐、提高土壤养分的效能。实施 3 年即可降低 0～40cm 土层含盐量至 0.3%以下，土壤 pH 降低 6%～7%、总孔隙度增加 13%、有机质提高为裸地的 2～3 倍，造林成活率及保存率均达到 80%以上。

4. 重度盐碱地暗管排盐改碱生态修复模式

暗管排水改良盐碱土遵循"盐随水来、盐随水去"的水盐运动规律，使充分溶解的土壤盐分随着渗入地下的水体通过暗管排出土体，可有效降低土壤含盐量，并通过暗管控制排水，从而达到控制地下水位的目的，能够有效抑制矿化度较高的地下水上升产生的土壤次生盐渍化（Idris and Suat，2009）

在重度盐碱地段，于咸水区地表下适当的深度内，沿着实际的排水方向，安置一定间距的地下排盐水管的网状系统，即暗管排盐改碱生态修复模式（图 9.7）。在实际施工中，暗管掩埋的深度与间距要按照施工地点的水位以及地质条件来确定，以最大限度地排除浅层的咸水为主要目的。首先挖取沟槽，铺设排盐管道，并用一定厚度的滤料包裹暗管以防土壤颗粒进入管道造成淤堵；然后进行回填，回填土层

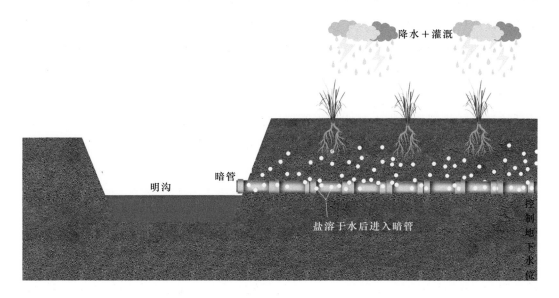

图 9.7　暗管排盐改碱生态修复模式（引自搜狐网）

高度要略高于地表，地块周围筑埂，将其分成小块；再次进行漫灌或通过降水淋溶，加快土壤脱盐过程，最后在改良的土地上种植具有一定耐盐碱能力的植物，包括乔木、灌木与草本，草本种植在乔灌木林下，主要林草种类包括白蜡树、榆树、国槐、柽柳等，结合适当的节水灌溉措施，提高林草植物成活率和保存率。优点是暗管埋设深浅、密度可调，土壤脱盐快、效果好、损失少，无须搭建桥梁、闸涵和许多排水沟，无边坡塌陷问题，暗管改良系统维护费用低，适于大规模机械施工。

模式改良效果：暗管铺设采用专门的开沟埋管机施，施工效率、自动化程度高，适合大面积盐碱地开发和治理。在工程改土的基础上，通过种植和翻压绿肥牧草、秸秆还田、施用菌肥、种植耐盐碱植物、植树造林等，可提高土壤肥力，改良土壤结构，并改善小气候，减少地表水分蒸发，抑制返盐。除了可改良盐碱地，增加林草、作物种植种类，改善盐碱地生态环境条件，提高盐碱地产量，还可以节约水源，有效增加土地面积。

9.2.3　研究展望

盐碱地治理是一项与人类开发利用活动关系密切，受人与自然多因素交互影响的复杂性工程。目前，盐碱地修复技术多样，但目的都是通过不同的手段降低土壤盐分，满足植物生长需求，进而利用生物改良措施实现盐碱地的可持续发展和永续利用。权衡技术利弊和土壤改良效益，盐碱地生态修复从单一措施或技术研发与应用逐渐向多种措施组合、多生态要素协同、系统化治理发展。鉴于黄河三角洲生态环境的脆弱性和盐碱地生态修复过程的复杂性，未来应着重从以下几点开展科学研究和技术突破。

1）结合黄河三角洲的盐碱地条件和资源禀赋，阐明盐渍化土壤水分、盐分、养分迁移转化的机制和植物对其的利用原理，研发水肥协同利用与水盐障碍调控技术。

2）筛选和培育抗逆适生植物品系（种），揭示其形态特征及生理、生化过程的分子机制；揭示盐碱地植物-土壤-微生物互作关系；筛选适应植被演替、促进植物抗逆境胁迫的功能菌株，突破植物根系微生物组装配的关键技术难题；发展沃土生物群落构建理论和生物多功能调控技术。

3）从生态系统稳定、可持续的视角发力，强化以生物改良为主的技术集成与综合治理，大力发展林草间作，构建滨海盐碱地牧草间作栽培技术体系，兼顾生态和粮食安全；利用植被群落演替规律，以先锋植物为基底，发展耐盐碱优势植被群落，在不影响生态平衡的基础上进行生态修复设计，最终实现盐碱地生态系统良性循环和可持续发展的目标。

4）深入认识黄河三角洲人与自然的关系，重视人类活动和自然干扰对盐碱地生态系统结构与功能演变的影响及调控；通过跨学科合作等途径不断完善生态修复措施和路径，建立生态修复效果科学评估方法和客观评价体系；对盐碱地生态修复机制进行长期观测和系统性研究，持续关注修复区的变化，不断调整和优化生态修复方案，真正实现治理区域经济、社会、生态效益的统一。

9.3　砒砂岩综合整治案例

9.3.1　基本情况

位于黄河中游的砒砂岩地区生态极为脆弱，而且是黄河粗泥沙的主要来源区。砒砂岩是由古生代二叠纪、中生代三叠纪、侏罗纪和白垩纪灰色、灰黄色、灰紫色的砂页岩及紫红色的泥质砂岩和厚层砂岩构成的岩石互层，集中分布于黄土高原北部晋陕蒙三省份交界的鄂尔多斯高原（邓起东等，1999）。砒砂岩的特点是成岩程度低，沙粒间胶结程度差，结构强度低，岩层在风、水、重力等作用下极易发生侵蚀，区域内水土流失非常严重，整体呈现为植被稀疏、千沟万壑和荒漠化的景观。根据地表覆盖物类型，可将砒砂岩区分为覆土砒砂岩区、覆沙砒砂岩区和裸露砒砂岩区（王愿昌等，2007）。

鄂尔多斯高原地处我国农牧交错带，是砒砂岩最典型的分布区，其砒砂岩区是黄河粗泥沙的主要来源，生态环境脆弱问题十分突出。

植被作为地理环境的重要指示因子，因能够较好地反映当地的水、热和土壤等生态环境特征而被广泛应用在生态环境评价研究中。砒砂岩区由于受到流水侵蚀、重力崩坍和冻融塌陷等多营力的共同作用，地表相应表现出高原广布、沟壑交错的特征，坡顶、坡中和坡底沟道中的植被生长状况也存在较大的差异，科学评价鄂尔多斯高原砒砂岩区的生态承载力与承载潜力，并因地制宜地提出区域生态保护与修复策略，对黄河流域生态治理具有重要的现实意义。

9.3.2　主要问题

砒砂岩区集中分布于黄河流域晋陕蒙接壤的鄂尔多斯高原，属于我国半干旱区到干旱区的过渡带和农牧交错带，在我国北疆生态安全屏障建设中占有十分重要的地位。砒砂岩是由砂岩、砂页岩和泥质砂岩构成的松散岩石互层，具有"无水坚如磐石、遇水烂如稀泥"的特性，因此其抗侵蚀能力尤为低下，区域内水土流失严重，生态退化等问题积累已久。自 20 世纪 80 年代以来，针对砒砂岩区的水土流失，国家先后实施了晋陕蒙砒砂岩区沙棘生态林建设、退耕还林（草）等多项治理工程，经过几代人的不懈奋斗，局部生态环境有所改善，水土流失得到一定控制，但是由于缺乏对砒砂岩区生态承载力的深入认识，生态治理措施的适应性不强，整体效果不显著，迄今砒砂岩区仍面临生态退化问题的严峻挑战，其生态环境退化趋势并未从根本上整体改变。

研究砒砂岩区的生态承载力，构建生态承载力评价指标体系并评估区域生态承载力，界定生态承载力阈值，可为当地政府和决策部门根据生态承载力的区域差异，因地制宜地科学协调当地经济发展和生态保护治理间的矛盾、科学选择生态治理措施类型、优化林草配置提供参考依据，对黄河流域生态治理具有重要的现实意义。

9.3.3 典型治理技术措施和经验

以 2000～2020 年 MOD13Q1 植被指数和生物量反演结果及 DEM 数据作为数据源，依据植被生长的地形效应，从地形（坡顶、坡面和沟道等）和 FVC、地上生物量角度，结合 2000 年以来 20 多年遥感序列图像反演的植被覆盖度、地上生物量结果，采用以空间代时间等方法，分析砒砂岩不同类型区承载的最大 FVC、地上生物量，确定不同地形条件下的林草植被承载力阈值，为植被恢复和造林密度安排提供支持。

1. 数据来源

（1）增强植被指数（EVI）数据

选择 2000～2020 年的 MOD13Q1-EVI 数据，来源于美国地质勘探局地球资源观察和科学中心的宇航局陆地过程分布式数据档案中心。MOD13Q1 数据的空间分辨率为 250m，时间分辨率是 16 天，年内对应时间为当地植物的生长季（4～10 月）。对下载的 MOD13Q1 数据利用 MRT 软件进行拼接和投影变换，投影类型为 Albers 等积割圆锥投影（中央经线为 105°E，纬线为 25°N 和 47°N）。采用国际通用的最大值合成法（MOV）计算获得 2000～2020 年年最大 EVI 影像序列，在此基础上对研究区进行编辑裁剪，生成可直接使用的 2000～2020 年砒砂岩区 EVI 影像数据集。

（2）DEM 数据

来源于中国科学院计算机网络信息中心地理空间数据云平台（http://www.gscloud.cn），对下载的 DEM 数据进行拼接和投影变换后计算坡度与坡向。对于坡度的划分，根据《第二次全国土地调查技术规程》，按坡度≤2°、2°～6°、6°～15°、15°～25°、>25°共划分为 5 个级别。对于坡向，主要分为平地、北坡（315°～45°）、东坡（45°～135°）、南坡（135°～225°）、西坡（225°～315°），分别表示平地、阴坡、半阴坡、半阳坡和阳坡。

2. 研究方法

（1）2000～2020 年植被覆盖度计算

植被覆盖度是指植被在地面上的垂直投影面积占统计区总面积的百分比。砒砂岩区沙化现象严重，植被相对稀疏，地物空间异质性十分明显，对应到遥感影像上存在大量的混合像元。在混合像元分解方法中，基于像元二分模型的混合像元分析法依据混合像元中各端元光谱贡献率实现混合像元的信息分解，其因估算植被覆盖度不需要实测数据、精度高、原理简单而被广泛使用。常用的像元二分模型主要有 Gutman 模型和 Carlson 模型，分别适用于植被覆盖度较高和较低的区域。针对砒砂岩区植被稀疏的特点，选取 Carlson 模型来估算植被覆盖度。Carlson 模型的基本原理是假设每个像元都可分解为纯植被和纯土壤两部分，则像元的覆盖信息 S 可以表达为植被覆盖信息 S_v 与土壤覆盖信息 S_s 之和：

$$S = S_v + S_s \tag{9.1}$$

对于只包含土壤和植被的像元，植被覆盖区域的面积占比就是该像元的植被覆盖度（FVC），无植被覆盖区域的面积占比为 1−FVC，则植被覆盖度可表示为

$$FVC = (EVI - EVI_{soil}) / (EVI_{veg} - EVI_{soil}) \tag{9.2}$$

式中，EVI_{soil}、EVI_{veg} 分别表示纯土壤像元和纯植被像元的 EVI。

求解像元二分模型的关键是确定 EVI_{soil}、EVI_{veg}。对于纯裸地像元，EVI_{soil} 理论上应该接近 0，但实际受大气条件、地表湿度和太阳光照等的影响，其在−0.1～0.2 变化。对于纯植被像元，由于植被类型及其构成、植被生长季相变化都会造成 EVI_{veg} 变异，因此研究采用 0.5%的置信度，分别选取研究范围累计为 0.5%和 99.5%的 EVI 为 EVI_{soil} 和 EVI_{veg}，代入式（9.2）计算 2000～2020 年对应的 FVC。

（2）2000～2020 年植被地上生物量反演

2019 年 8～9 月，在砒砂岩区设置 56 个样区，大小为 1km×1km，在每个样区

设置 5 个 1m×1m 的样方。首先将样方内的所有植被沿地表剪下，并用天平称量鲜重。然后将样品装入采样袋带回实验室，利用烘箱烘烤 24h，充分烘干样品水分后测其干重，获取各样方的植被地上生物量。研究取样点的 2/3 用于生物量建模，剩余 1/3 进行验证。研究基于 2019 年第 241 天的 MOD13Q1 植被指数数据进行建模，首先利用经纬度信息提取各样点的 NDVI，然后利用实测生物量数据构建一元线性方程，从而获取砒砂岩区整个区域的地上生物量空间分布图，随后利用剩余 1/3 取样点的数据对反演结果进行验证，最后利用生物量反演模型获取砒砂岩区及砒砂岩不同类型区 2000～2020 年 4～10 月的累计地上生物量分布数据。

（3）地形效应

变异系数（coefficient of variation，CV）是数据的变异指标与其平均指标的比值（按百分数计），主要分为全距系数、平均差系数和标准差系数。研究在评价地形对 FVC 的影响时，主要用阳坡与阴坡 FVC 差异幅度的平均差系数表达（吴志杰等，2017），表示为

$$CV=MD/Mean\times100\% \tag{9.3}$$

式中，MD 表示阳坡与阴坡 FVC 均值差；Mean 表示各坡向 FVC 均值。

CV 接近 0，表示阴阳坡 FVC 差异小；CV 为负值，表示阳坡 FVC 小于阴坡；CV 为正值，表示阳坡 FVC 大于阴坡。

3. 主要结果

（1）砒砂岩区及砒砂岩不同类型区植被覆盖度分布状况

2000～2020 年砒砂岩区 FVC 相对较低，多年平均为 0.226，其中以 2018 年、2013 年和 2012 年相对最高，分别为 0.273、0.266 和 0.261；以 2001 年、2000 年和 2011 年相对最低，分别为 0.159、0.173 和 0.176。2000～2020 年砒砂岩区年均 FVC 呈现出逐渐上升的趋势，平均按 0.0243/a 的速率递增。

对于砒砂岩不同类型区，2000～2020 年覆土、覆沙和裸露区 FVC 整体上均表现为不断增加的趋势，多年平均增加速率分别为 0.0258/a、0.0219/a 和 0.0241/a，覆土和裸露区增速高于覆沙区。覆土区多年平均 FVC 为 0.250，以 2018 年、2013 年和 2012 年相对最高，以 2001 年、2000 年和 2011 年相对最低；覆沙区多年平均 FVC 为 0.222，以 2018 年、2013 年、2012 年和 2009 年相对最高，以 2001 年、2011 年和 2000 年相对最低；裸露区多年平均 FVC 为 0.185，以 2012 年、2013 年和 2018 年相对最高，以 2011 年、2000 年和 2001 年相对最低。2000～2020 年砒砂岩区和砒

砂岩不同类型区 FVC 的时间变化主要表现为：2001 年、2000 年和 2011 年相对最低，2018 年、2013 年和 2012 年相对最高，整体上呈现出不断增加的趋势。

砒砂岩区 FVC 的空间变化总体上呈现出由东南向西北逐渐降低的特征。但砒砂岩不同类型区 FVC 存在较大的差异，其中裸露区 FVC 相对最低，为 0.185；覆沙区 FVC 为 0.222；覆土区 FVC 相对最高，为 0.250。分析砒砂岩区 FVC 变化趋势，如图 9.8 所示，发现 2000～2020 年 FVC 平均变化率为 0.0031/a，西北部以负值为主，最低值为–0.0388，而东南部则相对较高，最大值为 0.0395。变化率的显著性检验表明：FVC 极显著减少的区域面积占比最大，为 51.45%，极显著增加的区域面积占比为 32.04%，显著增加的区域面积占比为 14.28%，显著减少和变化不显著的区域面积占比相对较小，分别为 1.37% 和 0.86%。

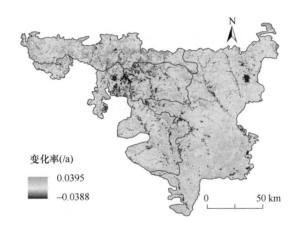

图 9.8　砒砂岩区 FVC 空间变化趋势

（2）砒砂岩区及砒砂岩不同类型区植被地上生物量分布状况

研究利用生物量反演模型获取了砒砂岩区及砒砂岩不同类型区 2000～2020 年 4～10 月的累计地上生物量分布数据，如图 9.9 所示。

砒砂岩区累计地上生物量与植被覆盖度呈现相似的空间分布特征，即西北部低、东部及东南部高。全区生长季的累计地上生物量从 2000 年的 $0.381×10^4 t/hm^2$ 增加到 2020 年的 $0.907×10^4 t/hm^2$，增幅达 138%；覆土、覆沙、裸露区的增幅分别为 146%、122% 和 135%，三个区域生长季的累积地上生物量都呈明显增加趋势，覆土和裸露区对全区增幅贡献最大。2011 年和 2015 年，对累积地上生物量降幅贡献最大的为裸露区。2000～2020 年，全区生长季的累计地上生物量最大达 $0.925×10^4 t/hm^2$，出现在 2017 年。

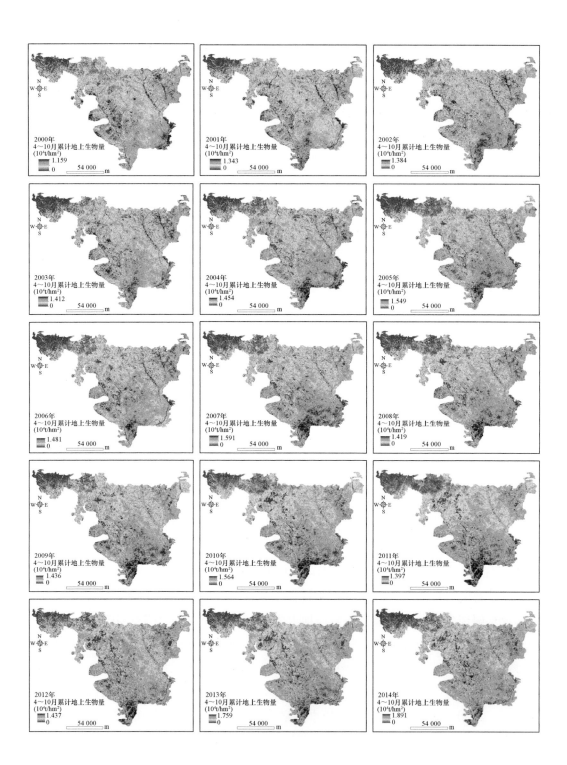

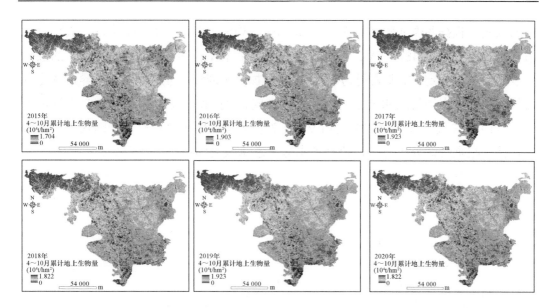

图 9.9　不同砒砂岩类型区 2000～2020 年 4～10 月的累计地上生物量分布

（3）砒砂岩区及砒砂岩不同类型区生态承载潜力分布状况

基于对砒砂岩不同类型区植被分布状况及其地形效应的分析，筛选确定砒砂岩区生态承载力阈值指标分四级，第一级指标根据砒砂岩地表物覆盖状况划为覆土区、覆沙区、裸露区 3 个类型，第二级指标根据海拔划分为 3 个等级；第三级指标根据坡度划分为≤15°、15°～25°、>25°三个等级，第四级指标根据坡向划分为半阳坡、阳坡、半阴坡和阴坡 4 个类型，如图 9.10 所示。依照上述砒砂岩区生态承载力评价指标体系，根据砒砂岩区植被覆盖度、地上生物量的地形效应，分类掩膜提取并计算三种砒砂岩类型区的生态承载潜力。

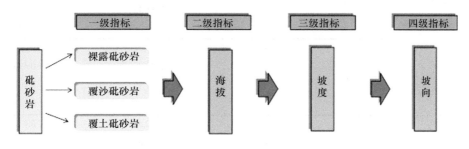

图 9.10　砒砂岩区生态承载力阈值指标

覆土区生态承载潜力：分析不同坡向、海拔、坡度情境下的 FVC、地上生物量分布结果，分别计算分析其生态承载潜力。以海拔≤1200m、坡度≤15°、阴坡的 FVC

分布为例，根据各像元频率分布直方图，FVC 峰值主要位于 0.353 附近，大部分数值分布于 0.240～0.487，FVC≤0.487 的像元数占总数的 90%，FVC＞0.487 的像元较少且变化不稳定，主要表现为 FVC 快速增加且不连续。考虑到数值的异常变化以及像元累计频率约达到 90%已包含了不同坡向、海拔和坡度指标下的绝大部分 FVC（图 9.11），选择累计频率为 90%的 FVC 作为植被覆盖度阈值具有较好的代表性和可操作性。根据类似分析方法，建立覆土区生态承载力阈值指标（表 9.2）。

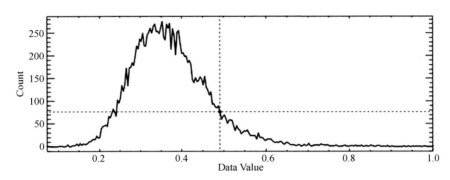

图 9.11　覆土区海拔≤1200m、坡度≤15°、阴坡的 FVC 频率分布

表 9.2　覆土区生态承载潜力

海拔	坡度（°）	坡向	地上生物量（g/m²）	FVC
≤1200	<15	阴坡	1306.31	0.487
		半阴坡	1305.43	0.492
		阳坡	1309.54	0.491
		半阳坡	1308.30	0.493
	15～25	阴坡	1317.73	0.467
		半阴坡	1324.15	0.477
		阳坡	1318.47	0.471
		半阳坡	1324.29	0.475
	>25	阴坡	1321.52	0.458
		半阴坡	1340.88	0.480
		阳坡	1319.62	0.461
		半阳坡	1317.49	0.475
1200～1300	<15	阴坡	1312.32	0.447
		半阴坡	1314.67	0.446
		阳坡	1307.00	0.443
		半阳坡	1305.34	0.443
	15～25	阴坡	1322.95	0.428
		半阴坡	1318.42	0.436

续表

海拔	坡度（°）	坡向	地上生物量（g/m²）	FVC
1200～1300	>25	阳坡	1333.58	0.435
		半阳坡	1318.23	0.44
		阴坡	1408.55	0.422
		半阴坡	1356.83	0.456
		阳坡	1339.13	0.431
		半阳坡	1378.51	0.435
≥1300	<15	阴坡	1291.56	0.405
		半阴坡	1306.17	0.413
		阳坡	1286.11	0.407
		半阳坡	1301.87	0.408
	15～25	阴坡	1289.21	0.411
		半阴坡	1290.36	0.401
		阳坡	1291.66	0.406
		半阳坡	1304.09	0.415
	>25	阴坡	1372.17	0.422
		半阴坡	1420.75	0.396
		阳坡	1346.94	0.417
		半阳坡	1169.96	0.436

同理，获得覆沙区（表 9.3）和裸露区（表 9.4）生态承载力阈值指标。

表 9.3　覆沙区生态承载潜力

海拔	坡度（°）	坡向	地上生物量（g/m²）	FVC
≤1000	<15	阴坡	1216.09	0.420
		半阴坡	1380.45	0.491
		阳坡	1225.98	—
		半阳坡	1238.46	0.385
	15～25	阴坡	0	0
		半阴坡	0	0
		阳坡	0	0
		半阳坡	0	0
	>25	阴坡	0	0
		半阴坡	0	0
		阳坡	0	0
		半阳坡	0	0
1000～1500	<15	阴坡	1242.94	0.428
		半阴坡	1249.83	0.426
		阳坡	1235.41	0.430

续表

海拔	坡度（°）	坡向	地上生物量（g/m²）	FVC
		半阳坡	1218.30	0.426
1000～1500	15～25	阴坡	1271.46	0.414
		半阴坡	1297.16	0.404
		阳坡	1279.22	0.414
		半阳坡	1277.24	0.412
	>25	阴坡	1372.64	0.392
		半阴坡	1238.46	0.395
		阳坡	1486.62	0.418
		半阳坡	1280.52	0.42
≥1500	<15	阴坡	965.89	0.355
		半阴坡	1000.23	0.373
		阳坡	1047.66	0.359
		半阳坡	1051.77	0.36
	15～25	阴坡	755.08	0.412
		半阴坡	884.22	0.404
		阳坡	905.99	—
		半阳坡	1074.19	0.394
	>25	阴坡	0	0
		半阴坡	0	0
		阳坡	0	0
		半阳坡	0	0

表 9.4　裸露区生态承载潜力

海拔	坡度（°）	坡向	地上生物量（g/m²）	FVC
≤1000	<15	阴坡	0	0
		半阴坡	0	0
		阳坡	0	0
		半阳坡	0	0
	15～25	阴坡	0	0
		半阴坡	0	0
		阳坡	0	0
		半阳坡	0	0
	>25	阴坡	0	0
		半阴坡	0	0
		阳坡	0	0
		半阳坡	0	0
1000～1500	<15	阴坡	1060.14	0.368
		半阴坡	1063.60	0.378

续表

海拔	坡度（°）	坡向	地上生物量（g/m²）	FVC
1000～1500	<15	阳坡	1052.56	0.370
		半阳坡	1064.60	0.379
	15～25	阴坡	1097.94	0.367
		半阴坡	1089.44	0.370
		阳坡	1134.55	0.364
		半阳坡	1179.80	0.366
	>25	阴坡	1099.98	0.330
		半阴坡	974.12	0.386
		阳坡	1136.03	0.365
		半阳坡	1164.78	0.363
≥1500	<15	阴坡	972.96	0.32
		半阴坡	876.50	0.323
		阳坡	911.35	0.320
		半阳坡	1022.14	0.320
	15～25	阴坡	1016.36	0.314
		半阴坡	1034.16	0.322
		阳坡	1092.31	0.340
		半阳坡	1126.28	0.342
	>25	阴坡	0	0
		半阴坡	0	0
		阳坡	0	0
		半阳坡	0	0

砒砂岩区及砒砂岩不同类型区可承载的地上生物量：依据砒砂岩不同类型区承载的地上生物量，测算整个区域的地上生物量，如表 9.5 所示。

表 9.5　砒砂岩区及砒砂岩不同类型区可承载地上生物量

类型区	面积（km²）	地上生物量（万 t）
覆土区	8 384.58	1 099.67
覆沙区	3 781.13	465.62
裸露区	4 584.15	484.47
合计	16 749.86	2 049.76

（4）砒砂岩区及砒砂岩不同类型区生态承载潜力与现状对照

以 2020 年植被地上生物量计算结果（图 9.12）为现状，对砒砂岩区及砒砂岩不同类型区地上生物量承载潜力与现状进行比对，结果如表 9.6 所示。

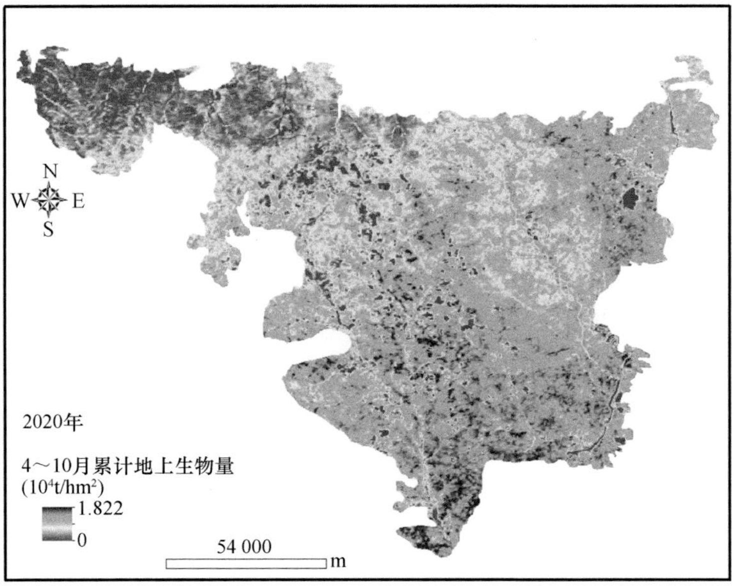

图 9.12　砒砂岩区 2020 年植被地上生物量分布

从表 9.6 可以看出，地上生物量现状达到承载潜力的 74.24%，其中覆土区达 77.71%，而裸露区为 66.26%，尚有较大提升潜力。

表 9.6　砒砂岩区及砒砂岩不同类型区地上生物量现状与承载潜力对照表

类型区	面积（km²）	承载潜力（万 t）	现状（万 t）	占比（%）
覆土区	8 384.58	1 099.67	854.60	77.71
覆沙区	3 781.13	465.62	346.15	74.34
裸露区	4 584.15	484.47	321.02	66.26
合计	16 749.86	2 049.76	1 521.77	74.24

4. 砒砂岩区生态承载力维持提升对策

（1）砒砂岩区生态承载力维持提升总体策略

坚持生态保护优先原则：坚持尊重自然、顺应自然、保护优先和自然恢复为主的方针，实行严格的生态环境保护制度。根据资源-生态-承载力现状确定砒砂岩区的区域发展战略、产业布局等，形成与生态承载力相适应的生产生活方式，维持和提升砒砂岩区生态承载力，从源头上扭转生态环境恶化的趋势。以增强生态系统服务功能、提高生态系统产品和服务供给能力为目标，科学规范砒砂岩区生态修复，对人工造林、种草等生态治理和修复工程进行科学论证，宜林则林、宜草则草、宜荒则荒、宜封则封。

明确生态综合治理主体思路：生态修复与人工治理相结合；生物措施与工程措施相结合；技术修复与政策扶持相结合；生态治理与产业发展相结合，推动生态产业协同发展与乡村振兴。

建立健全生态治理保障机制：加强组织领导，落实目标责任；科学制定规划，做好顶层设计；强化监测评价，推进科技创新；创新投入机制，拓宽资金渠道；加强宣传教育，营造良好社会氛围；加强队伍建设，强化能力建设。

（2）砒砂岩区生态承载力维持提升分区策略

按照地表覆盖物的不同，砒砂岩区可分为裸露区、覆沙区、覆土区 3 个类型。在砒砂岩区生态承载力维持提升总体策略的基础上，砒砂岩不同类型区在治理措施上又各有不同。

裸露区生态保护与修复措施：砒砂岩直接见于地表，上面无黄土、风沙土覆盖或覆土（沙）极薄（0.1～1.5m），植被稀少，覆盖度极低，基岩大面积裸露，侵蚀模数在 2.1 万 t/(km²·a)左右，以水蚀为主，复合侵蚀严重。实施生态保护与修复措施时既要注意生物措施和工程措施的合理配置，充分发挥其水土保持功能，又要注意单项措施的经济效益，保障措施的生态经济可持续性。以沙棘作为生物措施治理的突破口，提倡营造沙棘混交林，在发挥沙棘保水保土效益及改良土壤功能的同时，为其他植物的生长发育创造适宜环境，促进植被向良性演替发展。同时，加强沙棘优良品种的开发研究，以提高其经济价值；在梁、峁、坡，以工程造林为主，进行标准坡面整地，根据不同立地条件造林种草，增加植被，为发展牧业奠定基础。在土层较厚的阳坡，布设乔、灌、草混交林，埂梁种柠条，坑内种油松，带间种牧草。阴坡主要布设以沙棘、柠条、沙打旺、草木樨为主的带状、片状混交林。阳面的部分黄土支沟通过削坡打坝控制水土流失，从上到下实现台田化，发展经济林。沟道小气候较好，水沙资源丰富，淤泥造田、蓄水灌溉十分有利，可以发展基本农田。在支毛沟，修建谷坊和沙棘柔性坝，抑制沟道下切扩张。在主沟，修建水库、塘坝，进行蓄水灌溉、养鱼，保护和发展沟台地与水地，解决人畜饮水和温饱问题。

覆土区生态保护与修复措施：黄土覆盖厚度一般大于 1.5m，植被覆盖度较裸露区高。除部分梁峁和缓坡地为耕地外，多为天然草场，植被覆盖率为 20%左右，侵蚀模数为 1.5 万 t/(km²·a)，属剧烈侵蚀区，以水蚀为主，水蚀、风蚀和重力侵蚀交替发生。生态保护与修复采取建库坝、蓄水灌溉与淤泥澄清相结合的措施，可以利用水沙资源发展基本农田。采用植物"柔性坝"和淤地坝集成技术措施，实现淤粗排细，在靠近淤地坝坝体部位、上游尾端和溢洪道进口上部布设沙棘植物"柔性坝"。以植物"柔性坝"拦沙工程为主体，以沟道淤地坝、"人工湿地"和"人工滩地"为沟底基本农田的主要组成部分。以骨干坝为依托，以微型水库为保证，利用支毛沟拦截粗沙、沟道坝地拦截细沙，坝与坝之间形成"人工湿地"、沟道坝地，增加天然径流入渗量。微型水库拦蓄全部剩余径流，达到缓洪、拦蓄粗泥沙、泄洪入河的目的，实现淤粗排细，改善进入下游河道的水沙条件及泥沙组成，维护河流生态功能。在生物措施中，除了种植沙棘外，还可以种植油松。在梁、峁、坡，结合水土保持和整地，形成以坑内种油松、带间种沙棘为主的带状或片状混交林。在一些条件较好的地带，打旱井、建水窖，大力推广集雨、蓄流和节水灌溉技术，发展水浇地。在土层较厚、坡度较小、交通便利的坡耕地，修水平梯田或发展经济林。在沟沿沟坡，种植灌木，撒播牧草，增加植被覆盖度，控制沟坡径流。在背风向阳的坡脚和居民区，栽植果树，进行多种经营。

覆沙区生态保护与修复措施：受库布齐沙漠和毛乌素沙地风沙的影响，砒砂岩掩埋于风沙之下，或形成部分沙丘及薄层（10～30m）沙和砒砂岩相间分布，或形成风沙戴帽、砒砂岩穿裙的地貌景观。地表沙化严重，侵蚀模数为 0.8 万 $t/(km^2 \cdot a)$，以风蚀为主，呈现风、水蚀复合侵蚀的景观。生态保护与修复也是生物措施与工程措施相结合，以生物措施为主。除了种植沙棘、油松外，还可以种植柠条，其耐干旱瘠薄，适应范围广泛，在砒砂岩区的各种土地条件下均能生长良好，尤其适合生长在松散的沙质土上，因此宜在覆沙区推广种植。为了充分利用柠条的放牧价值，提倡轮封轮牧，适时平茬，合理利用。对低产沙地草场，可通过补植或补播柠条加以改造，以提高草场的利用价值。除此之外，还可以种植沙柳与羊柴混交林，沙柳耐水湿、耐干旱，具有很强的抗逆性，根系发达，具有较高的生物产量，且分蘖性强，植株高大，地上生物量较大。生物措施中，梁、峁、坡主要布设乔灌带状混交林或灌木林，带间种优质牧草，既可以防风固沙，又可以作为牧业基地；在固定沙丘，与主风向垂直带状种植柠条，带间种植牧草，水蚀区进行等高种植；在流动和半流动沙区，与主风向垂直带状种植沙柳，带间种植羊柴、沙打旺；在水分条件好的丘间地和沟道，以种植杨柳为主，发展用材林。

第 10 章　黄河流域生态保护与修复建议

黄河流域不仅是人类文明发展的摇篮、国家重要的农牧业生产基地和能源基地,也是我国重要的生态安全屏障。习近平总书记强调黄河流域生态保护和高质量发展是重大国家战略,要共同抓好大保护,协同推进大治理,着力加强生态保护治理、保障黄河长治久安。但是,与生态保护和高质量发展的要求相比,黄河流域生态系统功能脆弱的状况尚未得到根本改变,上游天然草地和沼泽生态系统退化、土地沙化,中游水土流失,下游自然湿地萎缩等问题仍较突出,林草资源质量不高、生态系统功能不强依然是当前流域高质量发展的最大瓶颈。鉴于此,从政策机制和重点工程两个层面提出建议,为黄河流域生态保护与修复提供参考。

10.1　政　策　建　议

1. 树立"保护、修复、振兴、永续"四位一体全域治理思想

黄河流域"山水林田湖草沙"七要素备齐,兼有青藏高原、黄土高原、北方防沙带、黄河口海岸等生态屏障的综合优势,要坚持系统思维,以生命共同体理念为指导,着眼全流域开展生态保护与治理,提出兼顾"保护、修复、振兴、永续"的一揽子解决方案,积极开展治理先行区、生态特区试点,综合提升上游"中华水塔"水源涵养能力、中游黄土高原水土保持和防沙治沙功能、下游湿地生态系统稳定性,推动由黄河源头至入海口的全域科学治理,支撑黄河流域生态保护和高质量发展重大战略的实施。

2. 紧紧抓住治山、治水、治沙这一牛鼻子,对重点区域和关键地带专防专治与应急处理

针对黄河流域水资源短缺矛盾和生态环境脆弱等一些突出问题,安排应急措施,尽早消除隐患。黄河的问题在水、关键在沙,实际上根子在黄河岸线的流沙,建议邀请相关国家级科研机构集中会诊,综合研判应急处置和长治久安之法;对黄河乌海-碛口段主干流西侧乌兰布和沙漠东缘、十大孔兑中 8 个风沙危害严重的孔兑西岸输沙区进行重点治理、应急处理。一是对于刘拐沙头此类"沙头""沙口""沙源",

应实施非常规手段，尽快、及早遏止流沙入黄趋势。二是针对黄河流域中段的粗沙入黄区（鄂尔多斯高原砒砂岩区），相关的"控制性工程"要尽早安排。

3. 紧跟国家战略，服务国家需求，加快绿色发展转型

2008 年国际金融危机后，黄河流域经济增速放缓，必须从国家战略全局和全流域视角，协调保护与发展的关系，促进黄河流域上中下游绿色循环和可持续发展。一是对接"双碳"目标，加快风光电建设，向绿色低碳高质量发展转型。2021 年，习近平总书记在《生物多样性公约》第十五次缔约方大会领导人峰会上强调，中国将大力发展可再生能源，在沙漠、戈壁、荒漠地区加快规划建设大型风电光伏基地项目。在黄河流域构建"戈壁-风电、大漠-光伏"新能源产业格局迎来了重大历史性机遇。二是严格"以水定城、以水定地、以水定人、以水定产"，打造节水为重的现代生态农牧业体系和量水而行的现代生态工业体系，建立一批生态经济示范基地和循环产业园区。三是在黄河水源补给区严禁超载过牧，依托转移支付和政策扶持优势，积极发展生态旅游、碳汇产业等，打造特色生态产业，实现绿色永续发展。

4. 完善黄河保护相关法律，建立健全法制体系

2023 年 4 月，为加强黄河流域生态环境保护，保障黄河安澜，推进水资源节约集约利用，推动高质量发展，我国颁布实施了《中华人民共和国黄河保护法》，对黄河流域生态保护与修复、水资源节约集约利用、水沙调控与防洪安全、污染防治等给予全面指导和约束，持续推动黄河流域生态环境质量良好发展。但是，黄河流域生态环境保护与修复的任务仍然繁重，局部地区草地退化、土地沙化等问题依然突出，中下游的泥沙淤积仍是黄河水患的症结。位于内蒙古鄂尔多斯市境内的十大孔兑区域，水土流失问题尤为突出，十大孔兑如十支利箭，由南向北穿透丘陵、沙漠、平原，直通入黄，黄河泥沙约 1/10 来源于此，它是黄河内蒙古段"地上悬河"的直接制造者之一。黄河危害，根在泥沙，治黄的根本在于做好黄土高原的水土保持和荒漠化防治工作，除了贯彻实施《中华人民共和国黄河保护法》《中华人民共和国水土保持法》等，建议尽早启动修订《中华人民共和国防沙治沙法》，以解决法律条文过于原则化、缺乏可操作性、内容滞后等问题。此外，对于黄河流域"荒漠化"应该突出"治"字，予以重点治理，并以改善生态环境、减少风沙灾害为第一要务；而对于原生荒漠应该突出"保"字，予以保护和养护，确保荒漠生态系统的原生性和完整性。治黄必先治好沙，建议做好相关法律的衔接，以免法律之间交叉重叠，

从而导致管理部门权责交叉，同时要加强执法监督管理，用法治力量推动黄河流域生态保护和高质量发展。

5. 继续完善黄河流域生态补偿机制

建立黄河流域生态补偿机制，有利于解决水资源破坏与生态退化问题，补偿因自然禀赋和生态功能定位而发展受限的区域，实现不同利益主体之间、生态保护与经济之间的和谐发展，促进上下游生态与利益的合理分配。目前，在三江源水源涵养区、沿黄 9 个省级行政区重点生态功能区以及黄河各省份流域开展了生态补偿，黄河流域已经初步建立起以政府为主导、中央和地方两个层次的生态补偿机制雏形。但总体来看，仍存在很大的政策空间，跨省份横向生态补偿还处于探索阶段，补偿范围较窄、补偿标准偏低；补偿手段主要为财政转移支付，补偿方式为政府主导，补偿实施配套政策支持不足；流域上下游省份缺乏沟通协调，生态补偿和空间发展协同不够，导致生态补偿政策执行不到位。建议推进跨省份流域上下游横向生态补偿，简化生态功能和生态产品的评估体系，突破行政区管理边界，形成上下游地区间共建共享机制；继续创新重点生态功能区财政转移支付机制，保障其发展权益；实施市场化、多元化生态补偿，提高补偿机制实施成效。

10.2 重大国家工程建议

1. 实施以 9 个国家公园为主体的自然保护工程

黄河流域自然保护地以国家公园为主体，自然保护区为基础，各类自然公园为补充。近期公布的国家公园候选区 9 个在黄河流域，其中三江源和黄河口已正式批复，祁连山是第一批试点，其他 6 个候选区分别是若尔盖、六盘山、贺兰山、大青山、秦岭、太行山。截至 2020 年底，黄河流域自然保护区总面积约 26.77 万 km^2，占总面积的 33.67%。目前，全国自然保护地占国土陆域面积的约 18%，黄河流域仅自然保护区的面积占比已远超全国平均水平。总体来看，黄河流域上中游自然保护区的数量和面积基本上无须增加，下游可适当增加，但关键在于提质增效，弥补保护空缺，提高自然保护区的管理成效。建议加快实施以 9 个国家公园为主体的自然保护工程，维护自然生态系统的稳定性，不断提升国家公园的建设、运行和管理能力，构建布局合理、功能完备、运行高效的以国家公园为主体的自然保护地体系。

2. 实施以生态修复为核心的全流域系统治理工程

（1）持续加强森林草原保护修复

黄河流域生态修复未来必须牢固树立以水定林草的发展理念，实施系统治理工程。一是将已有林草植被维持管护列入黄河流域生态修复的主要任务之中，严格保护天然林、公益林和天然草原，实施生态保护和修复重大工程，着力开展森林抚育、退化林分改造、森林质量精准提升和人工商品林可持续经营，加大人工种草力度，将黄土高原退化林草修复改造摆在重要位置，推动林分由"浅绿"向"深绿"转变。二是对局部水资源超载的林草植被进行生态改造修复，通过砍伐乔木、栽植或播种相应灌木或草本植物、停止灌溉等措施，逐渐将现有植物群落恢复为适宜该区域水资源理论承载力的植物群落，促进植物群落稳定发展。三是在水资源承载力仍有盈余的区域，适地适树、适地适灌，充分利用乡土树种，高质量建设乔灌植被。

（2）精准实施湿地保护修复工程

加强黄河干流水资源的管理及上中游干旱半干旱地区的湿地保护，保证生态流量。实施湿地保护与修复工程，加强流域范围内国际重要湿地、自然保护区、国家湿地公园保护修复，开展退耕还湿、退牧还草、退养还滩、生态补水、水体疏浚、水质改善、湿地植被修复、栖息地生境恢复等项目。因地制宜退还水域岸线空间，开展滩区土地和地下水超采综合治理，加强外来入侵物种治理，促进生物多样性保护和恢复。

（3）着力推进沙化土地综合治理工程

加强科学防治，以自然修复为主、人工治理为辅，生物措施与工程措施相结合，全面保护荒漠生态系统。加强沙区植被特别是具有明显沙化趋势土地的植被保护，开展退化林带修复和沙化草原修复。加大江河源区、风沙源区、草原退化沙化土地封禁保护力度，建设防沙治沙综合示范区，构建乔灌草相结合的防风固沙林，增加林草植被，减缓沙尘危害。

3. 聚焦黄河"几字弯"，打好"三北"工程攻坚战

2023 年 6 月 6 日，习近平总书记亲临黄河"几字弯"顶端的内蒙古自治区巴彦淖尔市考察，主持召开加强荒漠化综合防治和推进"三北"等重点生态工程建设座谈会，发出了"力争用 10 年左右时间，打一场'三北'工程攻坚战""努力创造新时代中国防沙治沙新奇迹"的伟大号召，并谋划部署了黄河"几字弯"攻坚战、科尔沁和浑善达克沙地歼灭战、河西走廊—塔克拉玛干沙漠边缘阻击战三大标志性战

役。黄河"几字弯"攻坚区处在北疆生态安全屏障的中心地带，山水林田湖草沙七大生态要素俱全；三大沙漠一大沙地是京津及东部地区沙尘暴的重要沙源区与路径区；黄土高原和十大孔兑是黄河中下游泥沙的主要来源地；贺兰山、六盘山等山系是我国重要的自然气候分界线和守护西北、华北生态安全的天然屏障；乌梁素海是黄河流域最重要的功能性湿地；阴山北麓的荒漠草原是阻挡境外沙源长驱直入我国的前沿屏障。作为三大标志性战役之一，黄河"几字弯"攻坚战可谓是重中之重。建议重点推进黄河岸线及沿线"沙头、沙口、沙源"治理，加强十大孔兑粗砂区、黄土高原区风蚀水蚀治理，减轻河套灌区盐渍化影响，减少黄河输沙量；通过实施一批区域性系统治理项目及科学选择植被恢复模式，合理配置林草植被类型和密度，重点解决好沙患、水患、盐渍化、农田防护林、草原超载过牧、河湖湿地保护六大生态问题，致力通过攻坚战，改善流域生态环境，确保黄河安澜，再造一个"新时代塞外江南"。

参 考 文 献

安乐生, 赵全升, 许颖. 2013. 黄河三角洲浅层地下水位动态特征及其成因[J]. 环境科学与技术, 36(9): 51-56.

安永清, 高鸿永, 屈永华, 等. 2009. 基于多时相遥感反射光谱特征的土壤盐碱化动态变化监测研究[J]. 中国农村水利水电, (11): 1-8.

白春礼. 2020. 科技创新引领黄河三角洲农业高质量发展[J]. 中国科学院院刊, 35(2): 138-144.

毕华兴, 李笑吟, 李俊, 等. 2007. 黄土区基于土壤水平衡的林草覆被率研究[J]. 林业科学, 43(4): 17-23.

曹奇光. 2007. 晋西黄土区人工刺槐林地土壤水分特征及合理密度研究[D]. 北京: 北京林业大学硕士学位论文.

陈力. 2022. 沙里淘金[N]. 经济日报, 2022-12-17.

陈明华, 岳海珺, 郝云飞, 等. 2021. 效率的空间差异、动态演进及驱动因素. 数量经济技术经济研究, 8(9): 25-44.

陈清香. 2018. 化防治机械固沙技术[J]. 内蒙古林业调查设计, 41(4): 32-35.

陈志国. 2016. 穿越乌兰布和[M]. 呼和浩特: 远方出版社.

程维明, 周成虎, 李炳元, 等. 2019. 中国地貌区划理论与分区体系研究[J]. 地理学报, 74(5): 839-856.

程永生, 张德元, 赵梦婵. 2022. 黄河流域高质量发展的空间差异及动态演进. 统计与决策, 38(3): 129-134.

邓起东, 程绍平, 闵伟, 等. 1999. 鄂尔多斯高原块体新生代构造活动和动力学的讨论[J]. 地质力学学报, 5(3): 13-21.

冯连昌, 卢继清, 邸耀全. 1994. 害防治综述[J]. 中国沙漠, 14(2): 47-53.

付腾飞, 张颖, 高金尉, 等. 2017. 黄河三角洲土壤盐分时空变异特征研究[J]. 中国海洋大学学报(自然科学版), 47(10): 50-60.

傅连珍, 袁国华, 席晶, 等. 2016. GIS 支持下的中国土地承载状态评价[J]. 资源与产业, 18(6): 52-58.

高海东, 庞国伟, 李占斌, 等. 2017. 黄土高原植被恢复潜力研究[J]. 地理学报, 72(5): 863-874.

高明秀, 吴姝璇. 2018. 资源环境约束下黄河三角洲盐碱地农业绿色发展对策[J]. 中国人口·资源与环境, 28(S1): 60-63.

高云飞, 张栋, 赵帮元, 等. 2020. 1990～2019 年黄河流域水土流失动态变化分析. 中国水土保持, (10): 7, 64-67.

古琛, 贾志清, 何凌仙子, 等. 2022. 恢复年限对高寒中间锦鸡儿群落组成和多样性的影响[J]. 草业科学, 39(7): 1303-1311.

郭爱君, 马雪梅, 钟方雷, 等. 2021. 黄河流域开发区空间分布及影响因素研究[J]. 西北大学学报(自然科学版), 51(5): 839-848.

郭忠升, 邵明安. 2003. 半干旱区人工林草地土壤旱化与土壤水分植被承载力[J]. 生态学报, 23(8): 1640-1647.

韩辉, 张学利, 党宏忠, 等. 2020. 科尔沁沙地南缘樟子松固沙林蒸腾强度的年际变化及与降水、地下水位间的关系. 林业科学, 56(11): 33-42.

韩磊. 2011. 黄土半干旱区主要造林树种蒸腾耗水及冠层蒸腾模拟研究[D]. 北京: 北京林业大学博士学位论文.

郝玉光. 2007. 乌兰布和沙漠东北部绿洲化过程生态效应研究[D]. 北京: 北京林业大学博士学位论文.

何文强. 2020. 磴口县实现治沙与致富双赢[J]. 内蒙古林业, (7): 14-15.

侯智惠, 侯安安, 赵俊利, 等. 2018. 内蒙古河套灌区农业资源承载力提升对策研究[J]. 北方农业学报, 46(6): 125-130.

胡春宏, 张晓明. 2019. 关于黄土高原水土流失治理格局调整的建议[J]. 中国水利, (23): 5-7, 11.

胡春宏, 张晓明. 2020. 黄土高原水土流失治理与黄河水沙变化[J]. 水利水电技术, 51(1): 1-11.

胡春宏, 张治昊. 2020. 论黄河河道平衡输沙量临界阈值与黄土高原水土流失治理度[J]. 水利学报, 51(9): 1015-1024.

黄贤金, 陈逸, 赵雲泰, 等. 2021. 黄河流域国土空间开发格局优化研究: 基于国土开发强度视角[J]. 地理研究, 40(6): 1554-1564.

贾志清. 2017. 高寒沙地防护林生态服务功能研究[M]. 北京: 科学出版社.

焦醒, 刘广全, 土小宁. 2014. 黄土高原植被恢复水资源承载力核算[J]. 水利学报, 45(11): 1344-1351.

金昌宁, 董治宝, 李吉均, 等. 2005. 公路防沙设计中夸大沙害严重性原因分析[J]. 中国沙漠, 25(6): 928-932.

亢庆, 于嵘, 张增祥, 等. 2005. 基于多源数据的土地盐碱化遥感快速监测[J]. 遥感信息, (6): 42-45.

雷加强, 王雪芹, 王德. 2003. 塔里木沙漠公路风沙危害形成研究[J]. 干旱区研究, 20(1): 1-6.

雷志栋, 杨诗秀, 谢传森. 1988. 土壤水动力学[M]. 北京: 清华大学出版社.

李鹏, 高永, 赵青, 等. 2017. 乌兰布和沙漠东北缘人工梭梭林防风效能分析[J]. 水土保持通报, 37(5): 34-39.

李清雪, 贾志清. 2015. 高寒沙地不同植被恢复类型土壤肥力质量差异及评价[J]. 土壤通报, 46(5): 1145-1154.

李生宇, 雷加强, 石泽云. 2014. DB 65/T 3590—2014 沙区公路生物防沙体系养护技术规程[S]. 乌鲁木齐: 新疆维吾尔自治区质量技术监督局.

李生宇, 雷加强, 徐新文, 等. 2008. 塔克拉玛干沙漠腹地阻沙栅栏对垄间新月形沙丘形态的影响[J]. 干旱区地理, 31(6): 910-917.

李生宇, 雷加强, 徐新文, 等. 2020. 中国交通干线风沙危害防治模式及应用[J]. 中国科学院院刊, 35(6): 10.

李新荣, 肖洪浪, 刘立超, 等. 2005. 腾格里沙漠沙坡头地区固沙植被对生物多样性恢复的长期影响[J]. 中国沙漠, 25(2): 173-181.

李鑫, 艾力·斯木吐拉, 陈正奇, 等. 2006. 沙漠公路交通事故特征及成因分析[J]. 长沙交通学院学报, 22(2): 51-55.

刘广全, 匡尚富, 土小宁, 等. 2010. 黄土高原生态脆弱地带植被恢复水资源承载能力[J]. 国际沙棘研究与开发, 8(1): 13-20.

刘建立, 王彦辉, 于澎涛, 等. 2009. 六盘山叠叠沟小流域典型坡面土壤水分的植被承载力[J]. 植物生态学报, 33(6): 1101-1111.

刘贤万. 1995. 实验风沙物理与风沙工程学[M]. 北京: 科学出版社.

刘晓燕, 党素珍, 高云飞. 2020. 黄土丘陵沟壑区林草变化对流域产沙影响的规律及阈值[J]. 水利学报, 51(5): 505-518.

刘玉斌, 韩美, 刘延荣, 等. 2018. 黄河三角洲土壤盐分养分空间分异规律研究[J]. 人民黄河, 40(2): 76-80, 87.

刘子晨. 2022. 黄河流域生态治理绩效评估及影响因素研究[J]. 中国软科学, (2): 11-21.

龙腾锐, 姜文超. 2003. 水资源(环境)承载力的研究进展[J]. 水科学进展, (2): 249-253.

龙腾锐, 姜文超, 何强. 2004. 水资源承载力内涵的新认识[J]. 水利学报, (1): 38-45.

吕真真, 刘广明, 杨劲松, 等. 2015. 黄河三角洲滨海盐渍土区土壤质量综合评价[J]. 干旱地区农业研究, 33(6): 93-97.

马广学, 金海鹏. 2009. 试探风沙对公路的危害及防治原则[J]. 才智, (12): 51.

马惠茹. 2020. 河套灌区草牧业发展与盐碱地生态治理现状调查[J]. 家畜生态学报, 41(2): 60-63.

马静, 刘洋, 王艳. 2021. 黄河流域高质量发展空间格局与网络结构特征[J]. 统计与决策, 37(19): 125-128.

莫保儒, 蔡国军, 赵廷宁, 等. 2009. 甘肃半干旱黄土丘陵沟壑区人工植被土壤水分研究[J]. 水土保持研究, 16(6): 125-128.

欧阳竹, 王竑晟, 来剑斌, 等. 2020. 黄河三角洲农业高质量发展新模式 [J]. 中国科学院院刊, 35(2): 145-153.

彭俊杰. 2022. 黄河流域"水—能源—粮食"纽带系统的耦合协调及时空分异[J]. 区域经济评论, (2): 51-59.

彭少明, 郑小康, 严登明, 等. 2021. 黄河流域水资源供需新态势与对策[J]. 中国水利, (18): 18-20, 26.

钱征宇. 2003. 中国沙漠铁路的风沙危害及其防治技术[J]. 中国铁路, (10): 24-27.

乔艳辉, 王月海, 姜福成, 等. 2019. 黄河三角洲盐碱地衰退林分的更替改造模式[J]. 水土保持通报, 39(4): 107-113, 119.

曲仲湘.1983. 植物生态学[M]. 北京: 高等教育出版社.

屈建军, 刘贤万, 雷加强, 等. 2001. 尼龙网栅栏防沙效应的风洞模拟实验[J]. 中国沙漠, 21(3): 276-280.

任保平. 2022. 黄河流域生态保护和高质量发展的创新驱动战略及其实现路径[J]. 宁夏社会科学, (3): 131-138.

任保平, 邹起浩. 2022. 黄河流域高质量发展的空间治理体系建设[J]. 西北大学学报(哲学社会科学版), 52(1): 47-56.

茹豪, 张建军, 李玉婷, 等. 2015. 晋西黄土高原水资源植被承载力分析及对策建议[J]. 环境科学研究, 28(6): 923-929.

三北工程建设水资源承载力与林草资源优化配置研究项目组. 2022. 三北工程建设水资源承载力与林草资源优化配置研究[M]. 北京: 科学出版社.

邵明安, 郭东升, 夏永秋, 等. 2010. 黄土高原土壤水分植被承载力研究[M]. 北京: 科学出版社.

邵全琴, 刘树超, 宁佳, 等. 2022. 2000~2019 年中国重大生态工程生态效益遥感评估[J]. 地理学报, 77(9): 2133-2153.

水利部黄河水利委员会. 2013. 黄河流域综合规划(2012-2030 年)[M]. 郑州: 黄河水利出版社.

宋德彬, 于君宝, 王光美, 等. 2016. 1961~2010 年黄河三角洲湿地区年平均气温和年降水量变化特征[J]. 湿地科学, 14(2): 248-253.

搜狐网. 2018. 盐碱地的"新疗法", 暗管改碱排盐让盐碱地"复活"[EB/OL]. https://www.sohu.com/a/237156452_563883[2018-06-22].

孙浩, 杨民益, 熊伟, 等. 2013. 人为改造措施对六盘山两种典型林分土壤物理性质及其水文功能的影响[J]. 水土保持学报, 27(6): 103-107.

孙佳, 夏江宝, 苏丽, 等. 2020. 黄河三角洲盐碱地不同植被模式的土壤改良效应[J]. 应用生态学报, 31(4): 1323-1332.

孙涛, 张雁平, 张晓霞, 等. 2022. 科学防沙治沙用沙 践行绿水青山就是金山银山理念[J]. 内蒙古林业, (6):14-16.

孙玉芳. 2019. 基于遥感监测指数模型的银川平原土壤盐渍化动态研究[J]. 地下水, 41(5): 80-82.

王军涛, 常布辉, 李强坤. 2021. 河套灌区土壤盐碱化发展过程及其驱动机制//中国水利学会学术年会论文集[C]. 武汉: 中国水利学会学术年会.

王仁卿, 张煜涵, 孙淑霞, 等. 2021. 黄河三角洲植被研究回顾与展望[J]. 山东大学学报(理学版), 56(10): 135-148.

王瑞燕, 孔沈彬, 许璐, 等. 2020. 黄河三角洲不同地表覆被类型和微地貌的土壤盐分空间分布[J]. 农业工程学报, 36(19): 132-141.

王锡来. 1996. 乌吉线沙害整治措施探讨[J]. 中国沙漠, 16(2):204-206.

王兴军, 侯蕾, 厉广辉, 等. 2020. 黄河三角洲盐碱地高效生态利用新模式[J]. 山东农业科学, 52(8): 128-135.

王学全, 卢琦, 杨恒华, 等. 2009. 高寒沙区沙障固沙效益与生态功能观测研究[J]. 水土保持学报, 23(3): 38-41.

王训明, 陈广庭. 1997. 塔里木沙漠公路沿线机械防沙体系效益评价及防沙带合理宽度的初步探讨[J]. 干旱区资源与环境, 11(4): 28-35.

王彦辉, 熊伟, 于澎涛, 等. 2006. 干旱缺水地区森林植被蒸散耗水研究[J]. 中国水土保持科学, 4(4): 19-25.

王彦辉, 熊伟, 余治家, 等. 2010. 国家林业局科技司认定成果: 六盘山华北落叶松人工林近自然化改造技术[Z].

王怡然, 王雅晖, 杨金霖, 等. 2022. 黄河流域森林生态安全等级评价与时空演变分析[J]. 生态学报, 42(6): 2112-2121.

王愿昌, 吴永红, 寇权, 等. 2007. 砒砂岩分布范围界定与类型区划分[J]. 中国水土保持科学, 5(1): 14-18.

王月海, 韩友吉, 夏江宝, 等. 2018. 黄河三角洲盐碱地低效防护林现状分析与类型划分[J]. 水土保持通报, 38(2): 303-306.

王遵亲, 祝寿泉, 俞仁培, 等. 1993. 中国盐渍土[M]. 北京: 科学出版社.

魏伟, 尹力, 谢波, 等. 2022. 国土空间规划背景下黄河流域"三区空间"演化特征及机制[J]. 经济地理, 42(3): 44-55.

魏占雄. 2009. 高寒沙区生态恢复对植物物种多样性的影响[J]. 草业与畜牧, (7): 36-39, 51.

吴慧, 上官绪明. 2021. 环境规制和产业升级对黄河流域经济高质量发展的影响. 人民黄河, 43(9): 14-19.

吴强, 李锦荣, 郭建英, 等. 2018. 黄河乌兰布和沙漠段巨菌草的固沙效果研究[J]. 内蒙古林业科技, 44(2): 50-56.

吴钦孝. 2000. 黄土高原的林草资源和适宜覆盖率[J]. 林业科学, 36(6): 6-7.

吴志杰, 何国金, 黄绍霖, 等. 2017. 南方丘陵区植被覆盖度遥感估算的地形效应评估[J]. 遥感学报, 21(1): 159-167.

五原县融媒体中心. 2022. 盐碱地上的乡村振兴之路-乡村振兴[EB/OL]. http://www.wuyuan.gov.cn/xczx/25830.html[2022-2-17].

武思宏, 毕华兴, 朱清科, 等. 2006. 晋西黄土区主要造林树种耗水量测算与分析[J]. 干旱区研究, (4): 550-557.

夏江宝, 王贵霞, 陈印平, 等. 2017a. 一种基于生态岛屿构建的滨海低洼盐碱地综合治理系统[P]: 中国, CN201710010131.1.

夏江宝, 王贵霞, 赵西梅, 等. 2017b. 一种滨海地区盐碱地农田林网综合构建体系[P]: 中国, CN201710010132.6.

夏江宝, 许景伟, 李传荣, 等. 2012. 滨海地区重盐碱地段道路防护林综合配套营建技术[P]: 中国, CN201210351238.X.

熊伟, 王彦辉, 王亚蕊, 等. 2021. 一种基于土壤水分植被承载力的水源涵养林密度配置方法[P]: 中国, ZL201710159367.1.

徐学选. 2001. 黄土高原土壤水资源及其植被承载力研究[D]. 杨凌: 西北农林科技大学.

许炯心. 2005. 黄土高原植被-降水关系的临界现象及其在植被建设中的意义[J]. 生态学报, 25(6): 1233-1239.

杨德福, 魏登贤. 2018. 沙珠玉沙区植被恢复综合技术[J]. 青海农林科技, (4): 52-54.

杨洪晓, 卢琦, 吴波, 等. 2006. 青海共和盆地沙化土地生态修复效果的研究[J]. 中国水土保持科学, 4(2): 7-12, 17.

杨洁, 谢保鹏, 张德罡. 2021. 黄河流域生态系统服务权衡协同关系时空异质性[J]. 中国沙漠, 41(6): 78-87.

杨劲松. 2008. 中国盐渍土研究的发展历程与展望[J]. 土壤学报, 45(5): 837-845.

杨劲松, 姚荣江. 2007. 黄河三角洲地区土壤水盐空间变异特征研究[J]. 地理科学, 27(3): 348-353.

杨劲松, 姚荣江. 2015. 我国盐碱地的治理与农业高效利用[J]. 中国科学院院刊, 30(Z1): 162-170.

杨劲松, 姚荣江, 王相平, 等. 2022. 中国盐渍土研究: 历程、现状与展望[J]. 土壤学报, 59(1): 10-27.

姚正毅, 陈广庭, 韩致文, 等. 2007. 机械防沙体系防沙功能的衰退过程[J]. 中国沙漠, 26(2): 226-231.

叶彩娟. 2019. 高速铁路半封闭防风走廊结构动模型试验研究[J]. 铁道建筑, 59(4): 152-156.

袁彦, 李君霞, 赵军元, 等. 2012. 沙漠地区肉苁蓉产业发展探讨[J]. 现代农业科技, (21): 315-316.

张宝. 2021. 新时期黄河流域水土流失防治对策[J]. 中国水土保持, (7): 14-16, 46.

张登山, 高尚玉. 2007. 青海高原沙漠化研究进展[J]. 中国沙漠, 27(3): 367-372.

张建锋, 邢尚军, 孙启祥, 等. 2006. 黄河三角洲植被资源及其特征分析[J]. 水土保持研究, 13(1): 100-102.

张景阳, 王迎霞, 张蕴. 2022. 中国治沙: 向大漠收复失地 让黄沙遍地生金[N]. 科技日报, 2022-06-17.

张琨, 吕一河, 傅伯杰, 等. 2020. 黄土高原植被覆盖变化对生态系统服务影响及其阈值[J]. 地理学报, 275(5): 949-960.

张晓明, 余新晓, 张学培, 等. 2006. 晋西黄土区主要造林树种单株耗水量研究[J]. 林业科学, 42(9):17-23.

张永涛, 杨吉华. 2003. 黄土高原降水资源环境容量下侧柏合理密度的研究[J]. 水土保持学报, 17(2): 156-158, 162

张永秀. 2009. 青海共和盆地高寒流动沙丘快速治理技术[J]. 青海大学学报(自然科学版), 27(4): 56-59, 64.

张玉, 张道军. 2022. 地形位指数模型改进及其在植被覆盖评价中的应用[J]. 地理学报, 77(11): 2757-2772. DOI:10.11821/dlxb202211005.

赵景峰, 李妍. 2022. 黄河流域城市群综合承载力评价及时空分异演进[J]. 生态经济, 38(2): 75-83, 97.

赵纳祺, 李锦荣, 温文杰, 等. 2018. 乌兰布和沙漠黄河段不同治理措施固沙效果研究[J]. 内蒙古林业科技, 44(1): 7-12, 28.

赵永敢. 2014. "上膜下秸"调控河套灌区盐渍土水盐运移过程与机理[D]. 北京: 中国农业科学院博士学位论文.

郑度. 2008. 中国生态地理区域系统研究[M]. 北京: 商务印书馆.

FAO, ITPS (Intergovernmental Technical Panel on Soils). 2015. Status of the World's Soil Resources (SWSR)—Main Report[EB/OL]. http://www.fao.org/policy-support/resources/resources-details/en/c/435200/[2020-12-30].

Feng X, Fu B, Piao S, *et al.* 2016. Revegetation in China's Loess Plateau is approaching sustainable water resource limits[J]. Nature Climate Change, 6(11): 1019-1022.

Hopmans J W, Qureshi A S, Kisekka I, *et al.* 2021. Critical knowledge gaps and research priorities in global soil salinity[J]. Advances in Agronomy, 169: 1-191.

Idris B, Suat N A. 2009. Subsurface drainage and salt leaching in irrigation land in south-east Turky[J]. Irrigation and Drainage, (58): 346-356.

Li J G, Pu L J, Han M F, *et al.* 2014. Soil salinization research in China: Advances and prospects[J]. Journal of Geographical Sciences, 24(5): 943-960.

Li Q X, Jia Z Q, Liu T, *et al.* 2017. Effects of different plantation types on soil properties after vegetation restoration in an alpine sandy land on the Tibetan Plateau, China[J]. Journal of Arid Land, 9(2): 200-209.

Liu H, Xu C, Allen C D, *et al.* 2022. Nature-based framework for sustainable afforestation in global drylands under changing climate[J]. Global Change Biology, 28(7): 2202-2220.

Lu Q, Wang X, Wu B, *et al.* 2009. Can mobile sandy land be vegetated in the cold and dry Tibetan Plateau in China[J]? Frontiers of Biology in China, 4(1): 62-68.

Odum E P. 1972. Fundamentals of Ecology[M]. Philadelphia: W B Saunders.

Omuto C T, Vargas R R, El Mobarak A M, *et al.* 2020. Mapping of Salt-Affected Soils: Technical Manual[Z]. Rome: FAO.

Wang F, Ge Q, Yu Q, *et al.* 2017. Impacts of land-use and land-cover changes on river runoff in Yellow River basin for period of 1956–2012[J]. Chinese Geographical Science, 27(1): 13-24.

Wang Y, Bin H U, Resource environment I O, *et al.* 2014. Biogenic sedimentary structures of the Yellow River Delta in China and their composition and distribution characters[J]. Acta Geologica Sinica (English Edition), 88(5): 1488-1498.

Wicke B, Smeets E, Dornburg V, *et al.* 2011. The global technical and economic potential of bioenergy from salt-affected soils[J]. Energy and Environmental Science, (8): 2669-2681.

Xiong W, Oren R, Wang Y H, *et al.* 2015. Heterogeneity of competition at decameter scale: Patches of high canopy leaf area in a shade-intolerant larch stand transpire less yet are more sensitive to drought[J]. Tree Physiology, 35(5): 470-484.

Yang H X, Lu Q, Wu B, *et al.* 2006. Vegetation diversity and its application in sandy desert revegetation on Tibetan Plateau[J]. Journal of Arid Environment, 65(4): 619-631.

Zhang J, Zhang C, Ma X, *et al.* 2014. Dust fall and biological soil crust distribution as indicators of the aeolian environment in China's Shapotou railway protective system[J]. Catena, 114: 107-118.

Zheng H, Wang X, Chen L, *et al.* 2018. Enhanced growth of halophyte plants in biochar-amended coastal soil: Roles of nutrient availability and rhizosphere microbial modulation[J]. Plant Cell and Environment, 41(3): 517-532.